Rabenwerkstatt 1

Mein Förderheft

W0393696

Berater
Marcel Porten-Rolfes, Münster

Ernst Klett Verlag
Stuttgart · Leipzig

Mehr – weniger – gleich viele

○ **1**

○ **2**

○ **3**

1

2

3

Zählen und bündeln bis 4

1 2

2 3

3 4

1

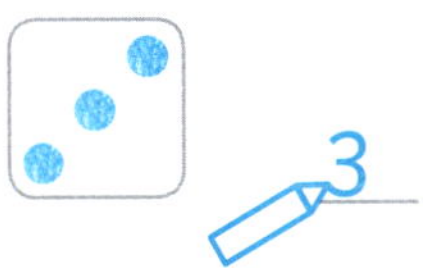

3

2

3

2	4	1	3	2	4

Zählen und bündeln bis 6

○ **1** 5

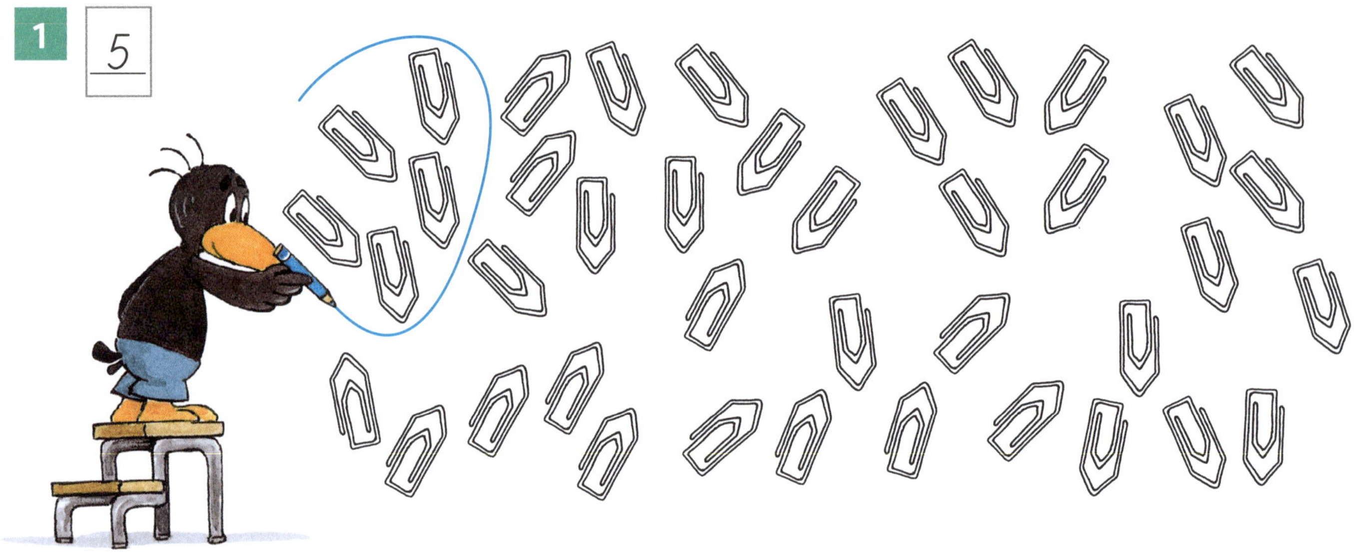

○ **2** 6

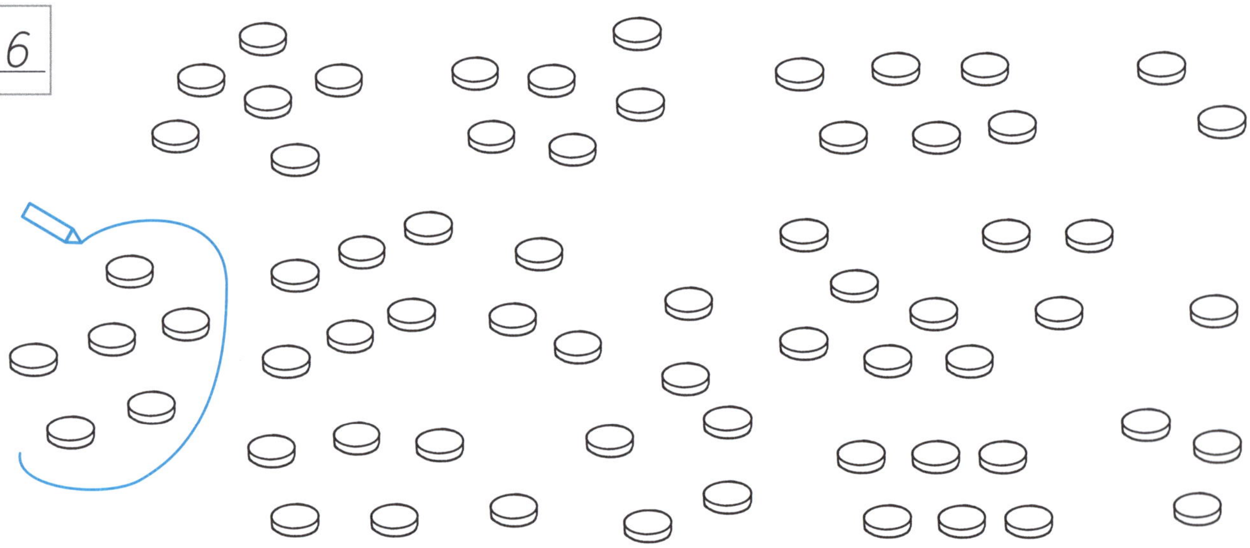

○ **3**

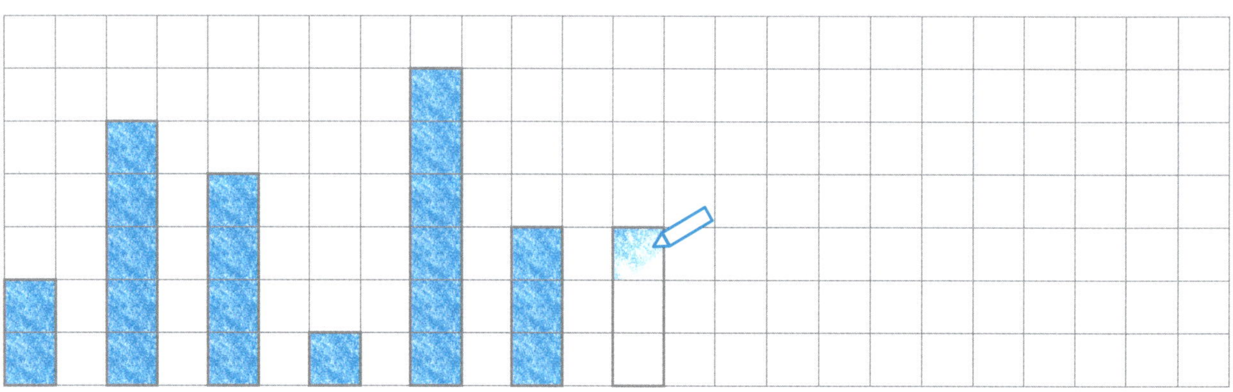

2 ___ ___ ___ ___ ___ 3 6 2 4 1 5

1

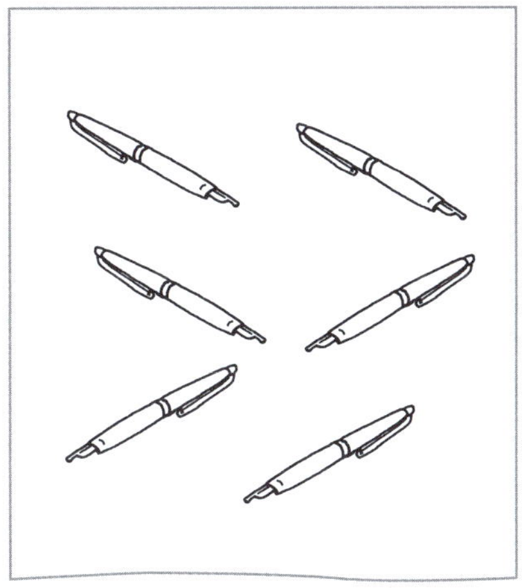

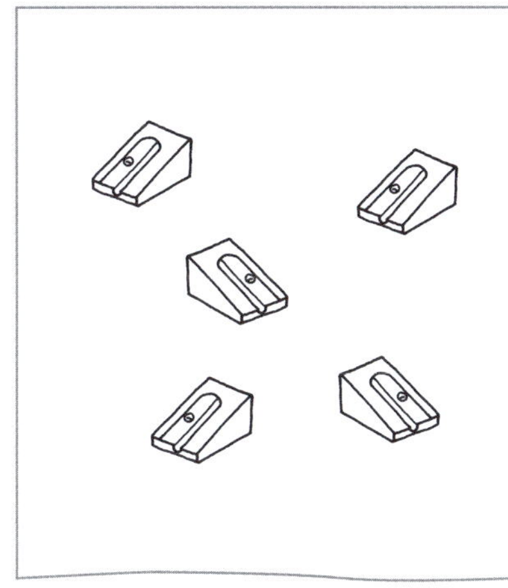

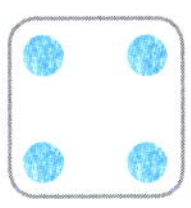

4 ___

___

___

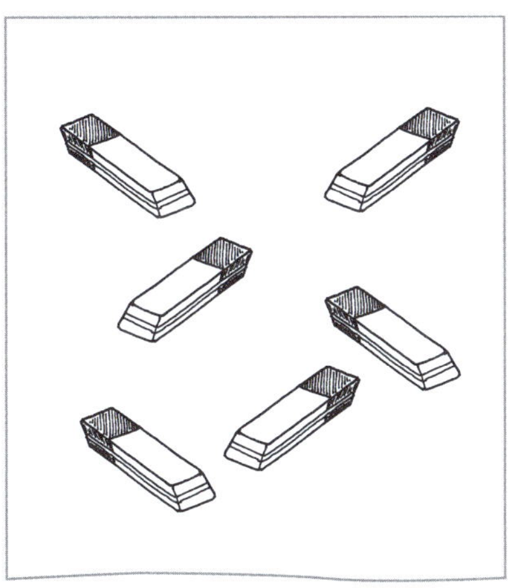

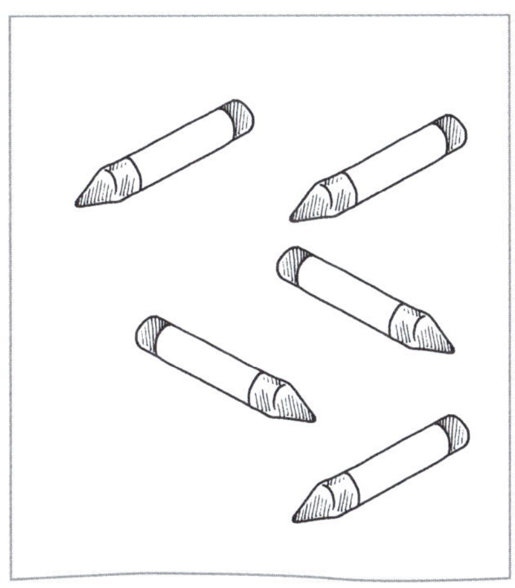

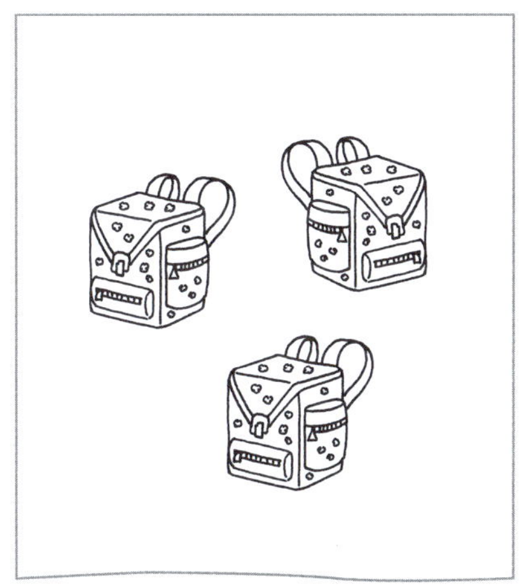

___

___

___

2

4 ___ ___ ___ ___ ___

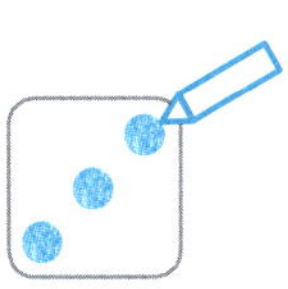

3 5 1 6 4 2

Zählen und zeichnen bis 6

○ **1**

2

3 4 2 5 6 1

6 3 5

○ **2**

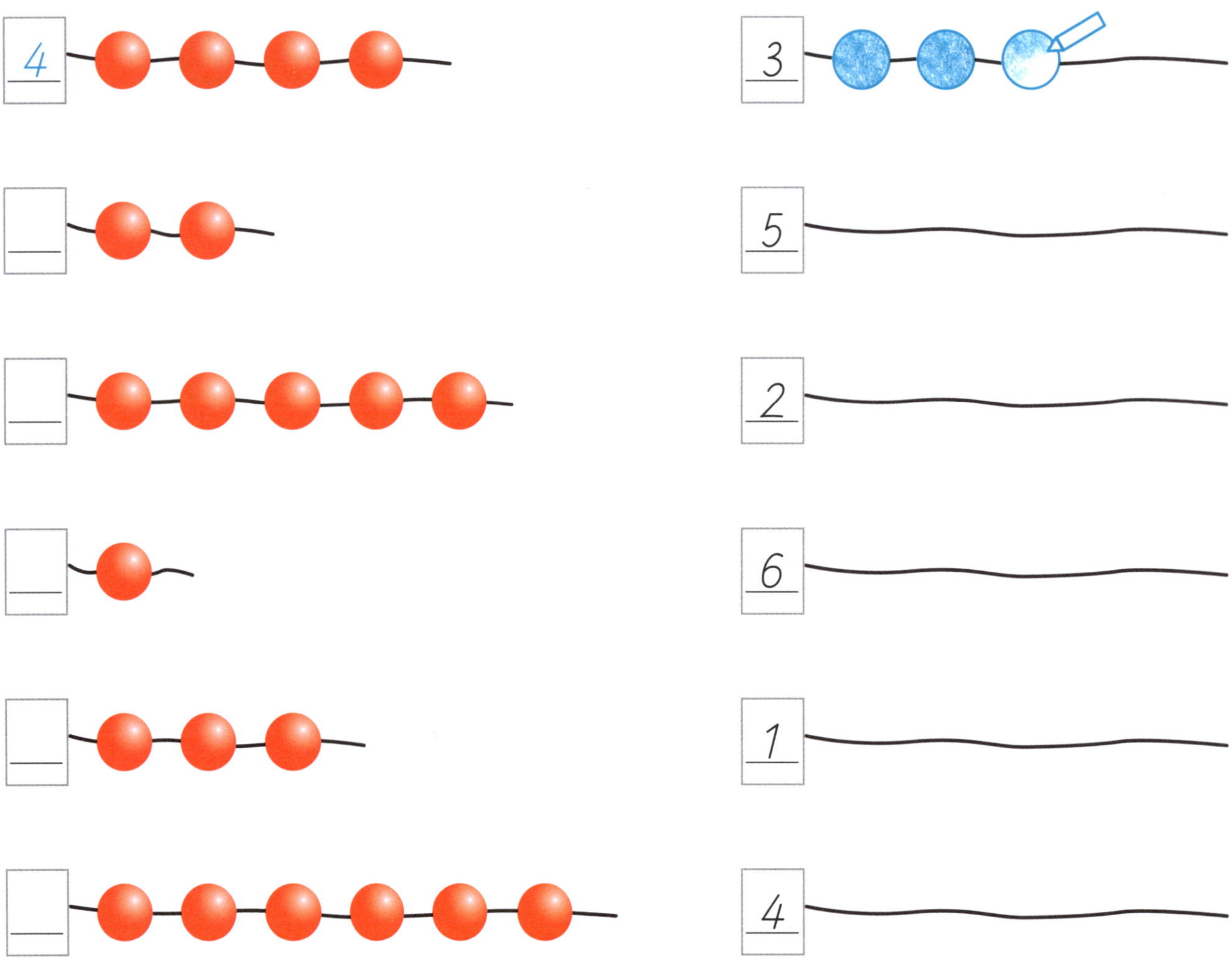

4	3
	5
	2
	6
	1
	4

Anzahlen bis 6 bestimmen

1

4

2

4 4 4 4

5 5 5 5 5

6 6 6 6 6

○ **1**

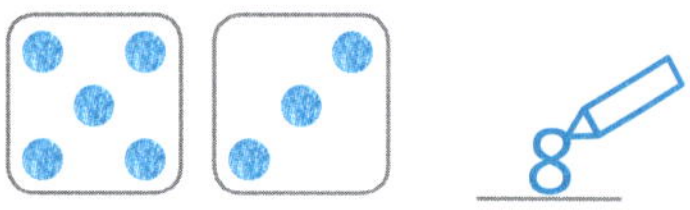

8

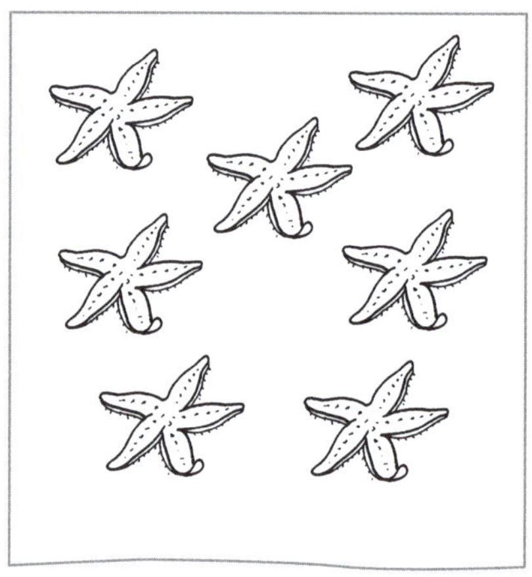

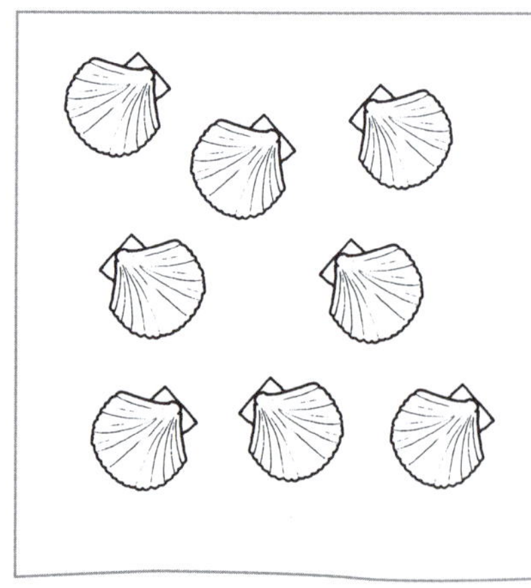

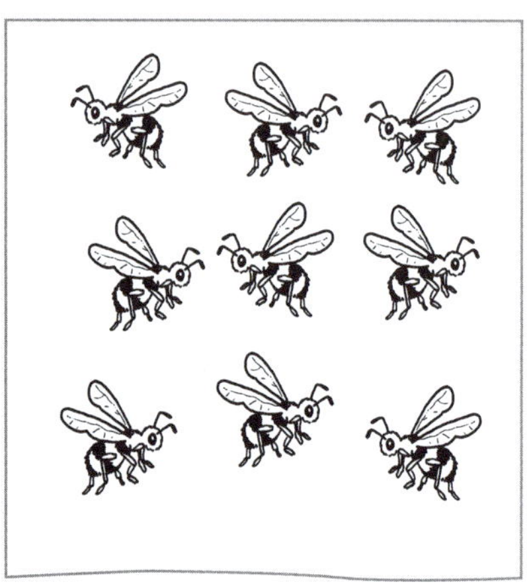

Anzahlen bis 10 bestimmen

1

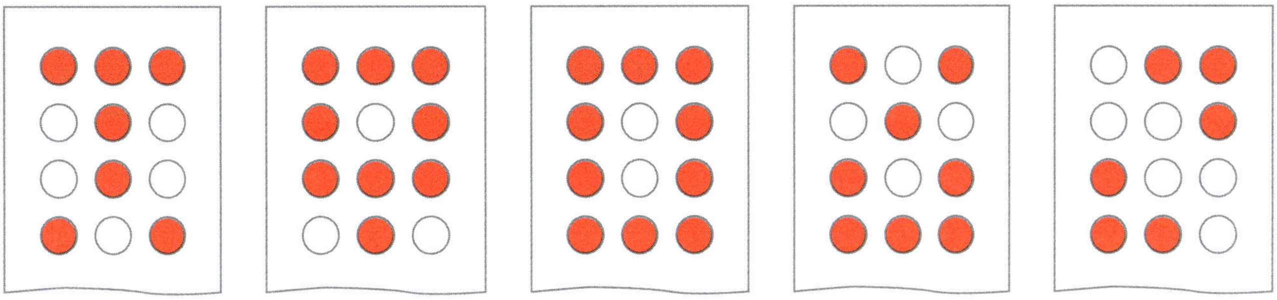

7

2

7 7 8 8

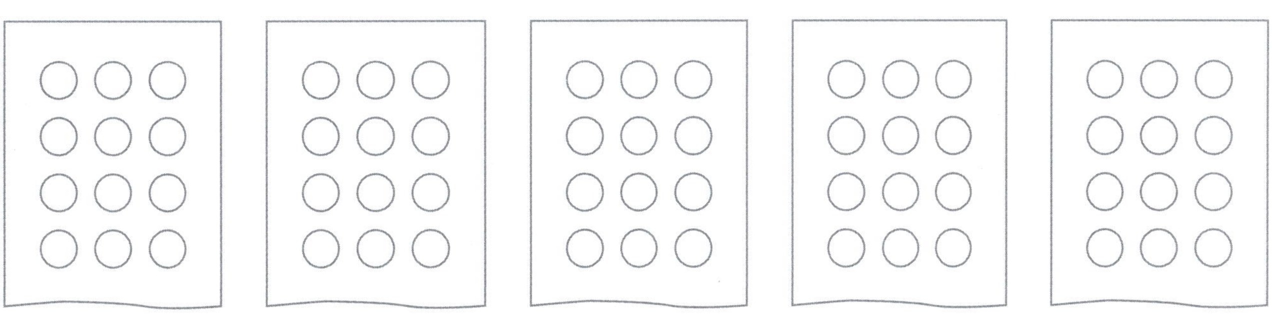

9 9 9 10 10

Würfelfiguren

○ **1**

5

___

___

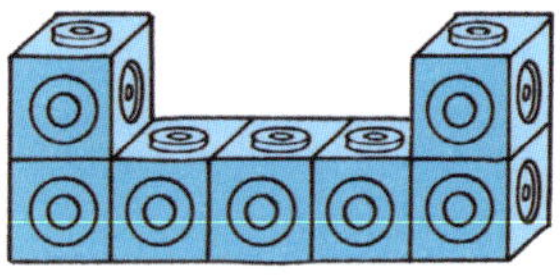

___

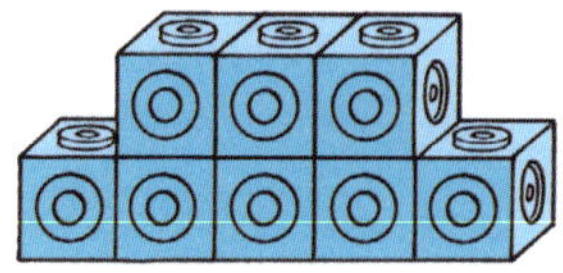

___

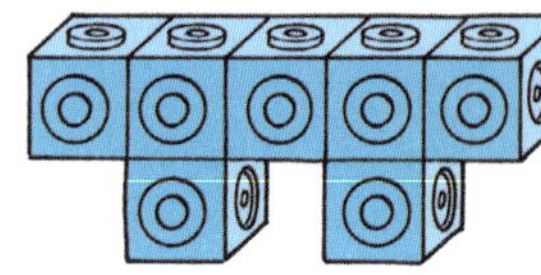

___

___

___

___

○ **2**

 4  6

 ___  ___

 ___  ___

 ___  ___

 ___  ___

 ___  ___

1

6

2

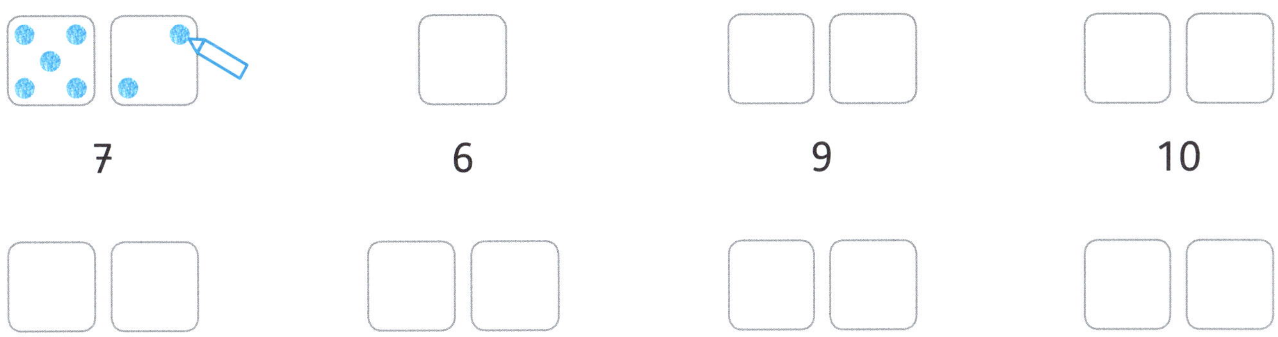

7 6 9 10

9 10 7 8

3

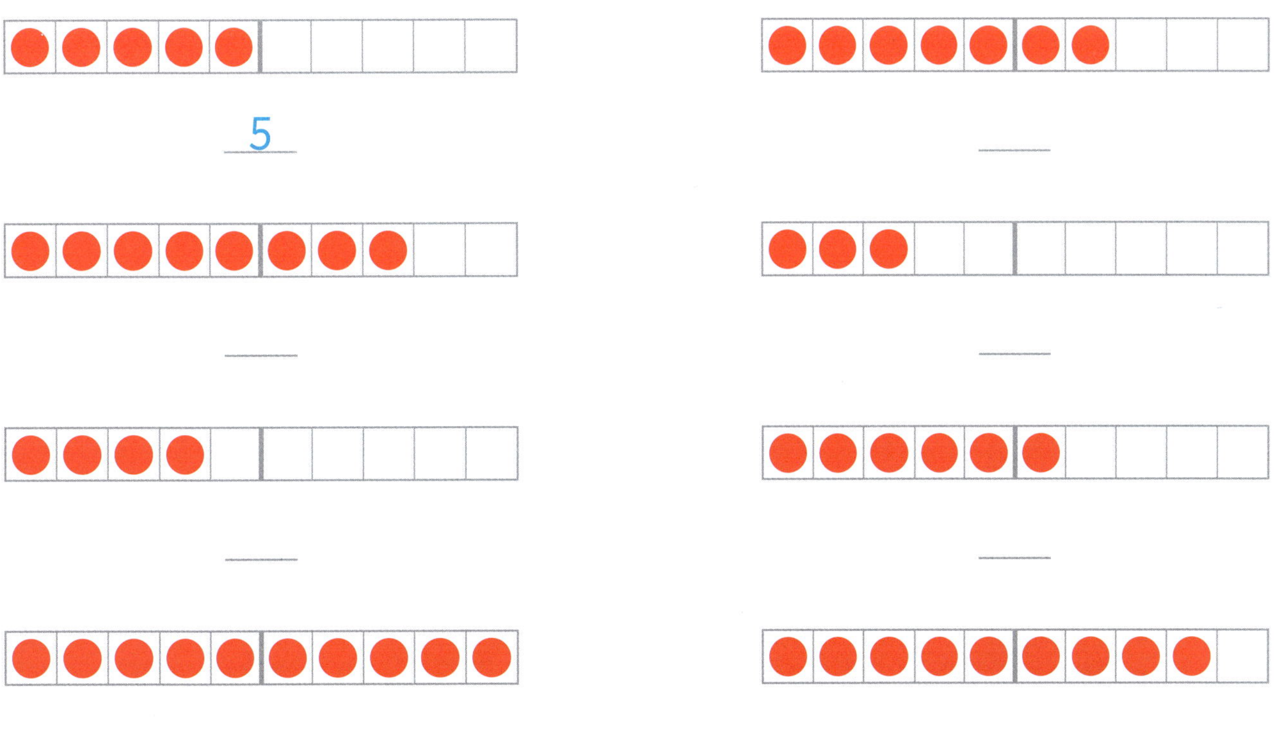

5

1

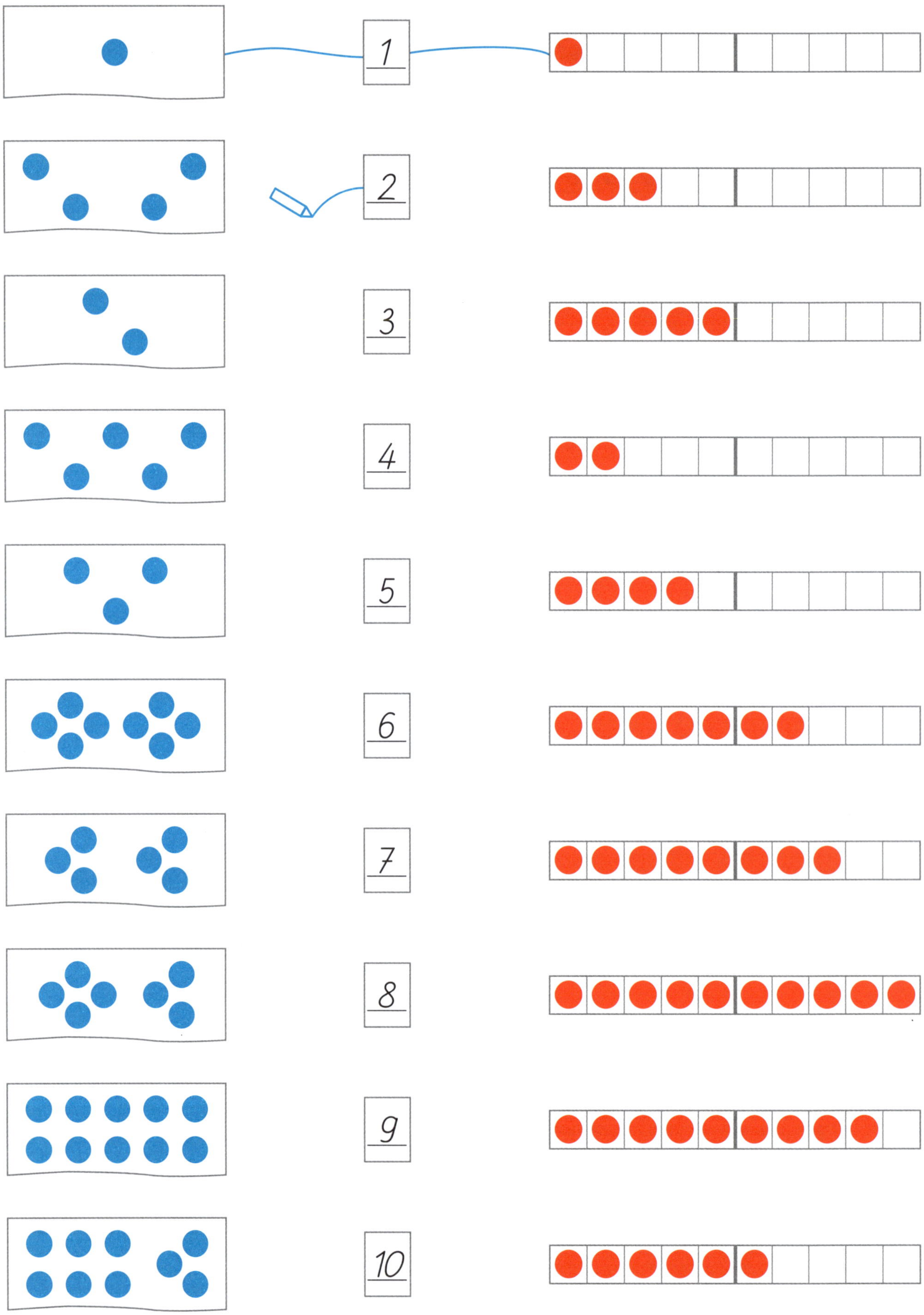

Zahlenreihe

1

2

2 | 4 | 5 | 6 | 7 | 9

1 | 3 | 5 | 6 | 8 | 9

3

Anzahlen vergleichen

○ **1**

<		<		<
>		>		
=		=		

○ **2**

1 (<) 2   ___ ◯ ___   ___ ◯ ___   ___ ◯ ___   ___ ◯ ___

○ **3**

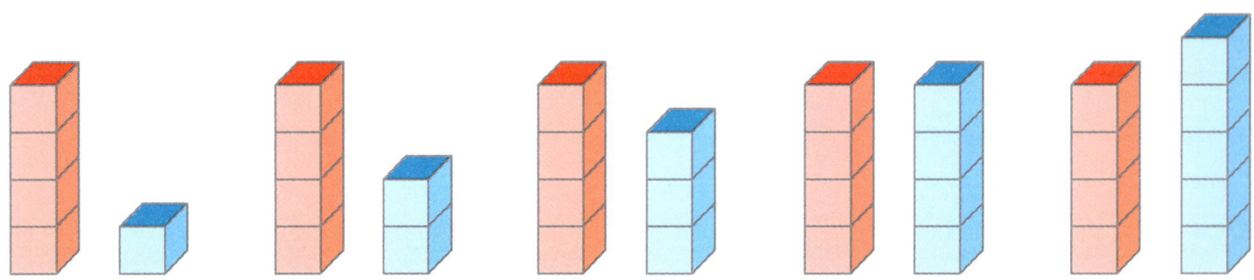

4 ◯ ___   ___ ◯ ___   ___ ◯ ___   ___ ◯ ___   ___ ◯ ___

○ **4**

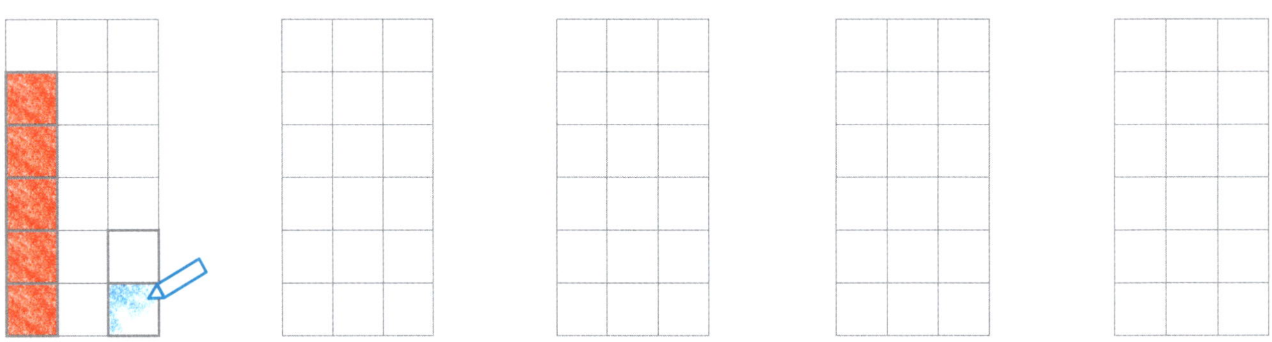

5 ◯ 2   5 ◯ 4   5 ◯ 5   1 ◯ 5   3 ◯ 5

Zahlen bis 4 zerlegen

○ **1**

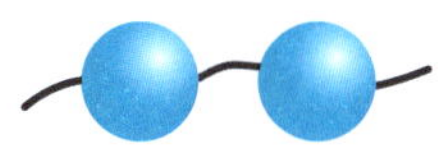

2

1 + 1

○ **2**

3

1 + ___

___ + ___

○ **3**

___

___ + ___

___ + ___

___ + ___

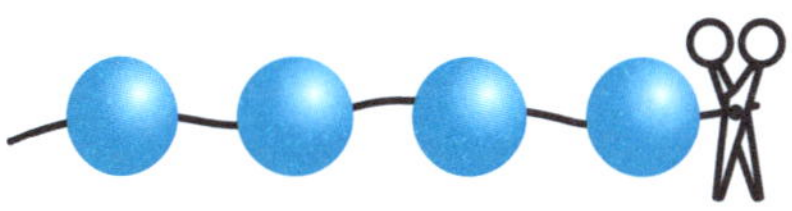

___ + ___

Zahlen bis 6 zerlegen

1

5

2 + 3

___ + ___

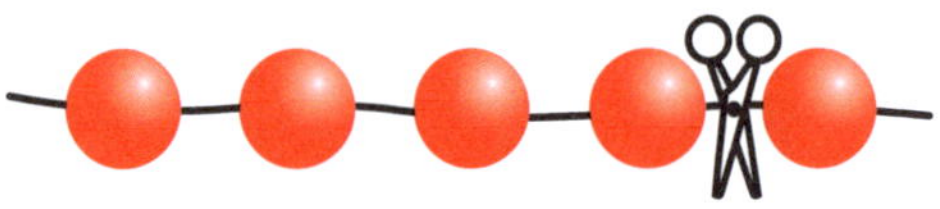

___ + ___

___ + ___

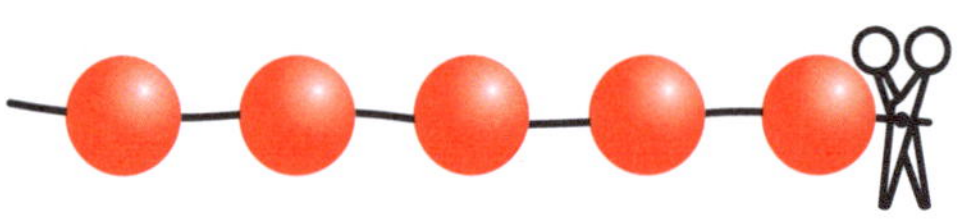

___ + ___

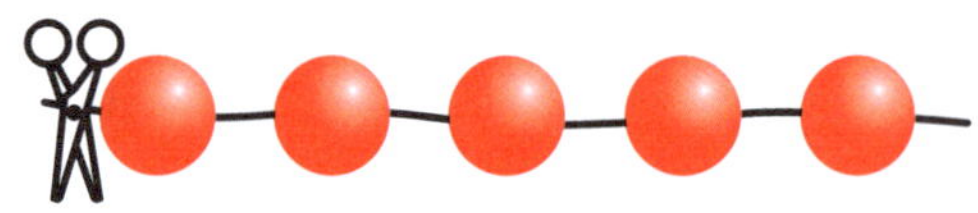

___ + ___

2

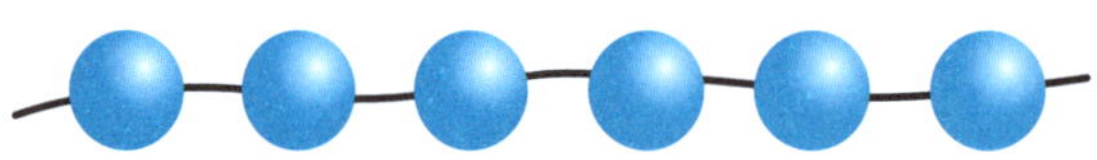

___

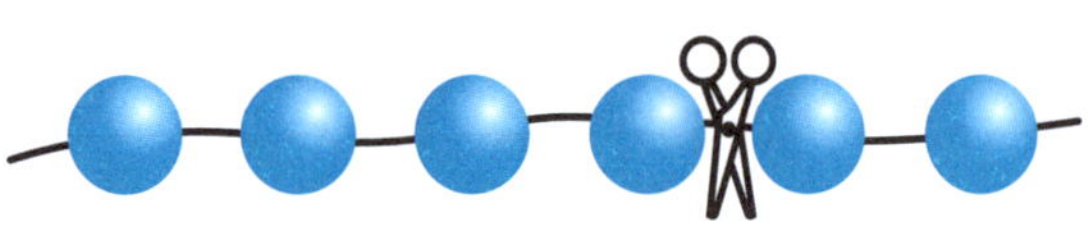

___ + ___

___ + ___

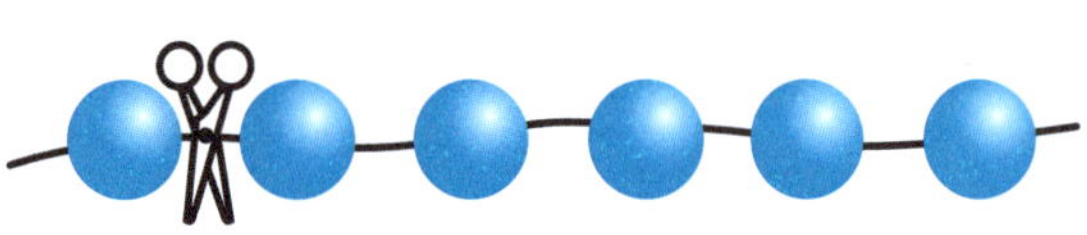

___ + ___

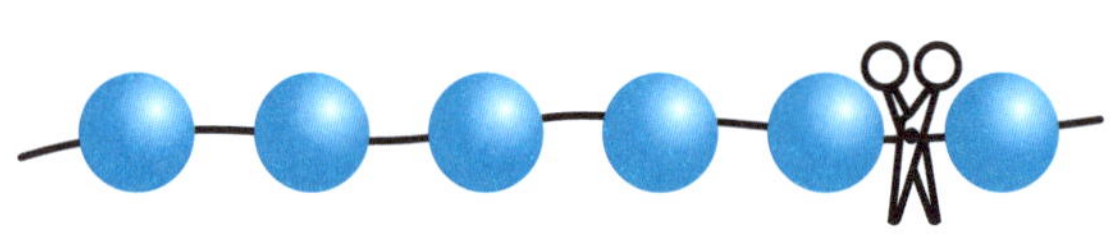

___ + ___

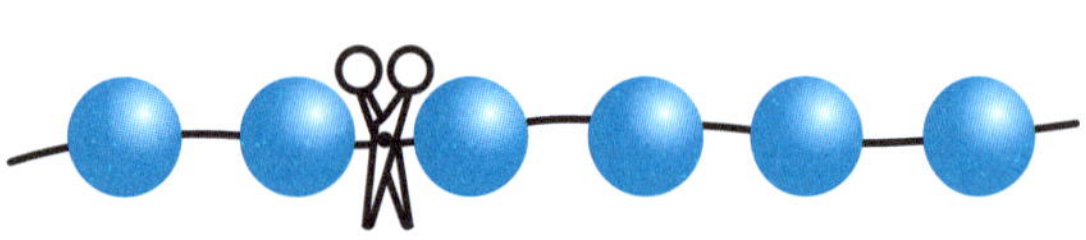

___ + ___

___ + ___

Zahlen bis 6 zerlegen: Schüttelbox

1

3

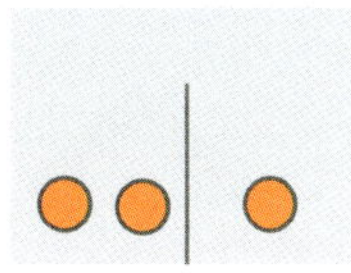
2 + ___

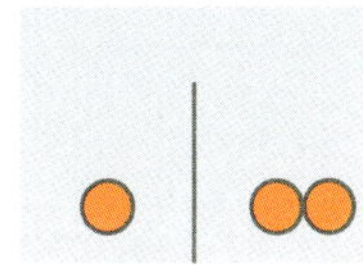
___ + ___

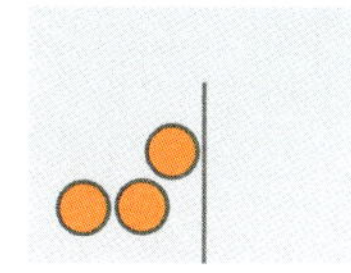
___ + ___

4

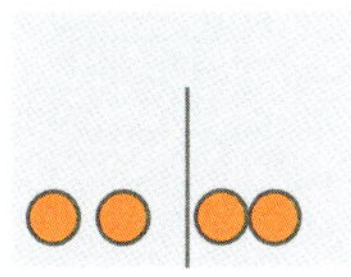
___ + ___

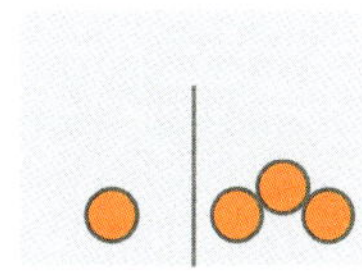
___ + ___

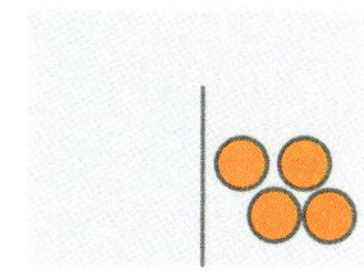
___ + ___

5

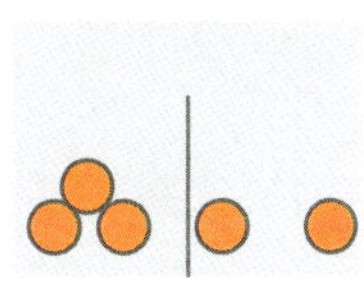
___ + ___

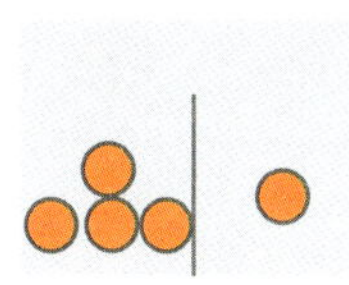
___ + ___

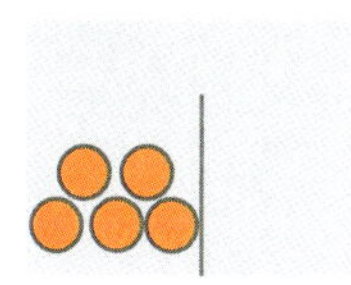
___ + ___

2

4

3 + ___

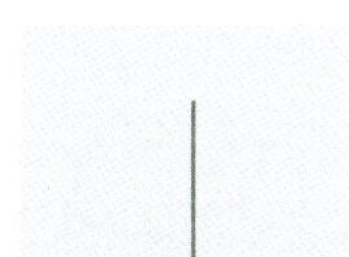

1 + ___

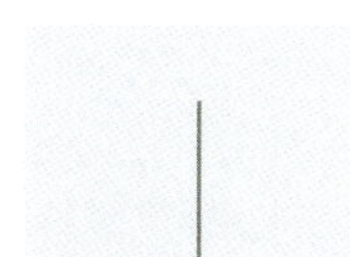

4 + ___

5

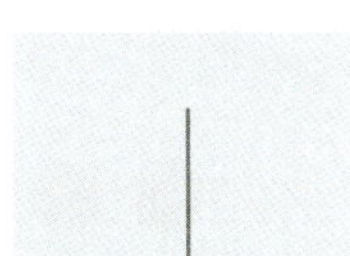

2 + ___

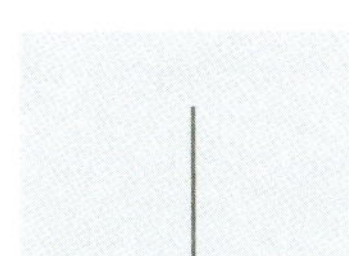

1 + ___

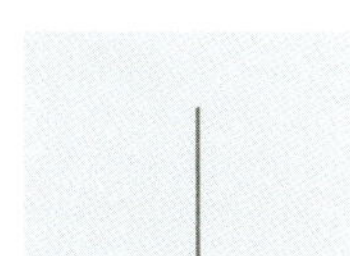

0 + ___

6

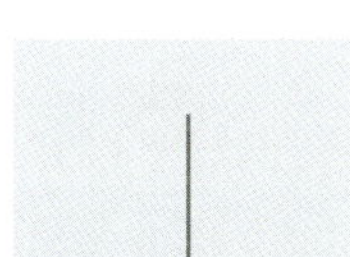

2 + ___

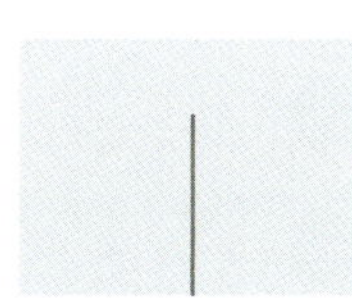
3 + ___

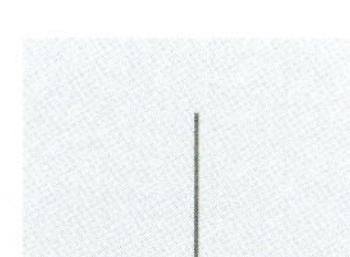

5 + ___

Zahlenhäuser bis 5

○ **1**

2

1 + ___
___ + ___
___ + ___

2

___ + ___
___ + ___
___ + ___

○ **2**

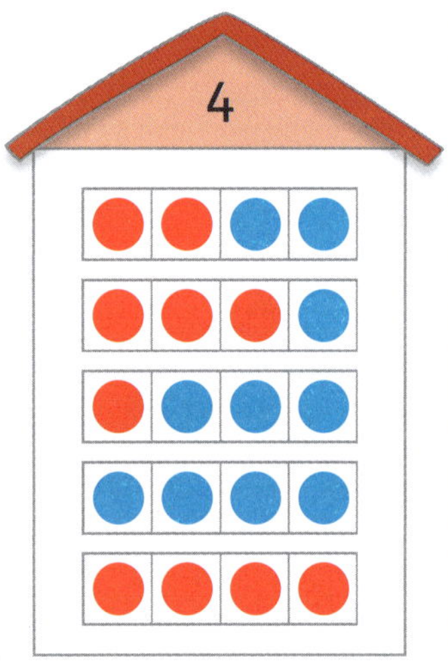

4

2 + ___
___ + ___
___ + ___
___ + ___
___ + ___

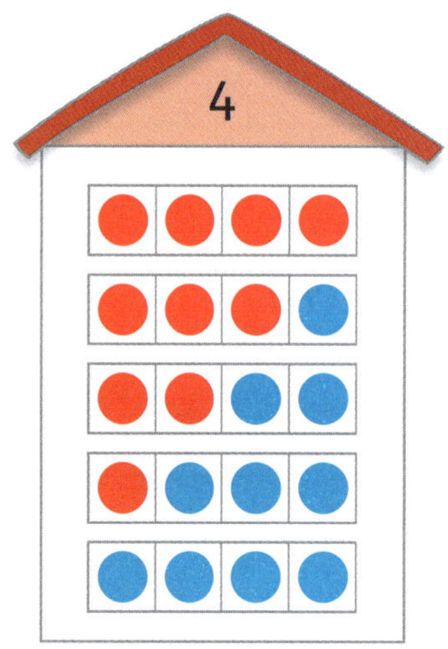

4

___ + ___
___ + ___
___ + ___
___ + ___
___ + ___

○ **3**

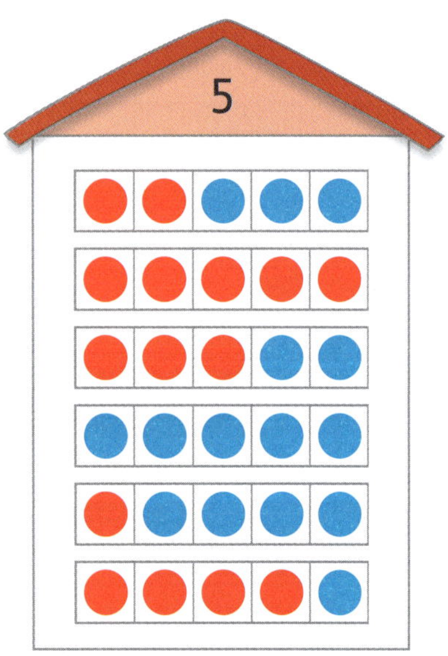

5

___ + ___
___ + ___
___ + ___
___ + ___
___ + ___
___ + ___

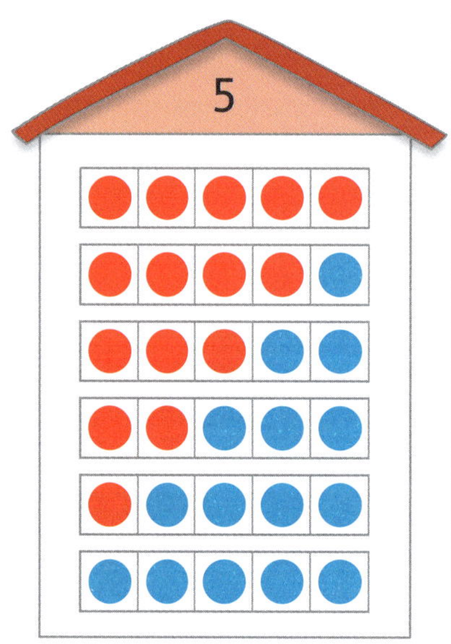

5

___ + ___
___ + ___
___ + ___
___ + ___
___ + ___
___ + ___

Zahlen bis 10 zerlegen

1

7

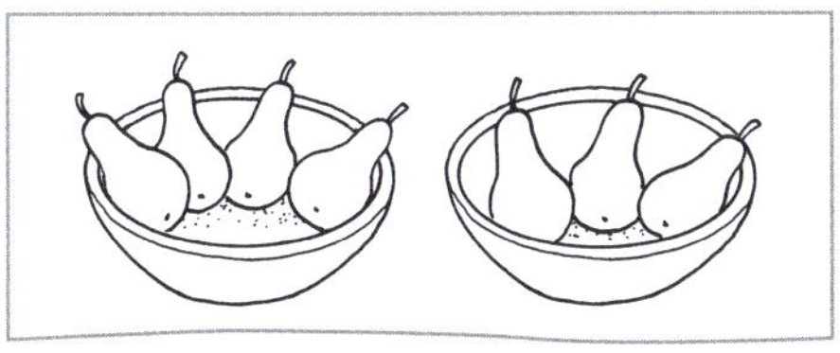

4 + ___

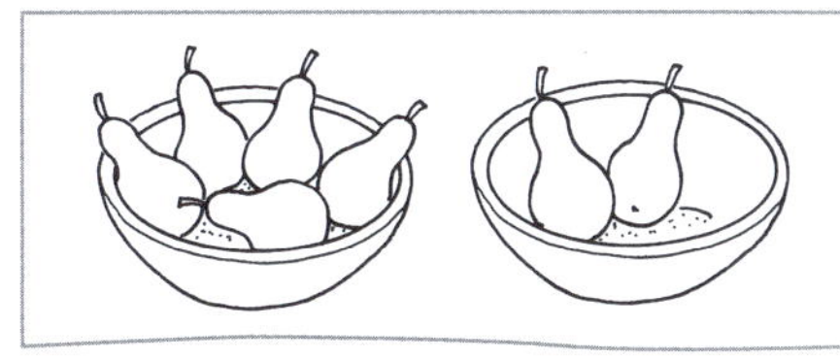

___ + ___

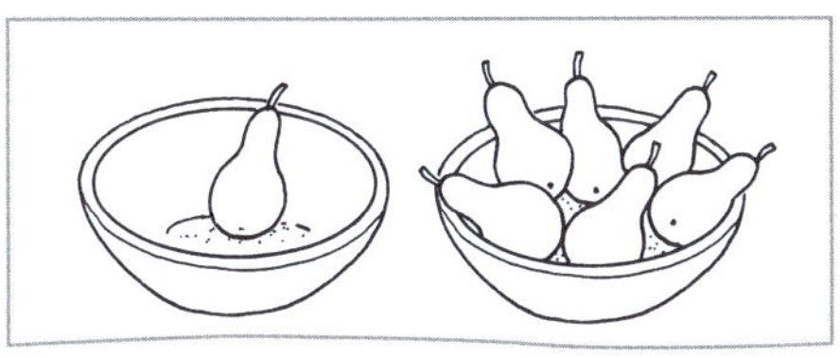

___ + ___

___ + ___

2

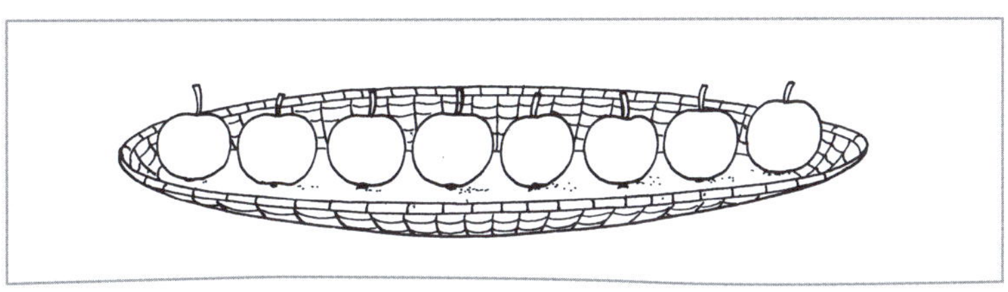

___

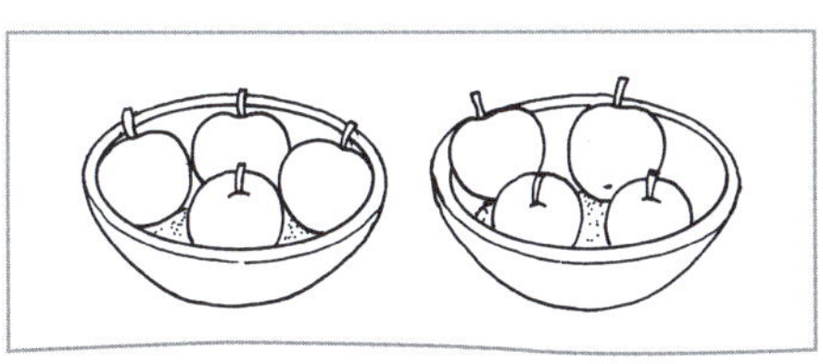

___ + ___

___ + ___

___ + ___

___ + ___

Zahlen bis 10 zerlegen: Schüttelbox

1

6

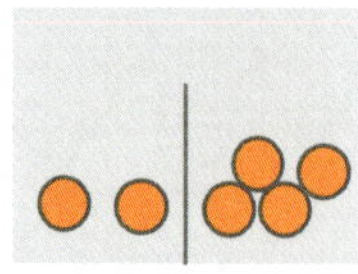

2 + ___

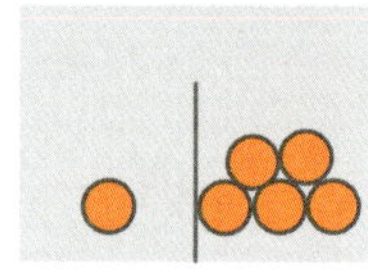

___ + ___

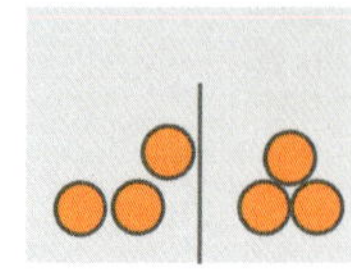

___ + ___

8

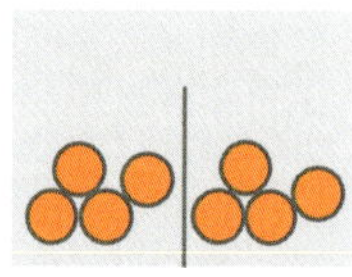

___ + ___

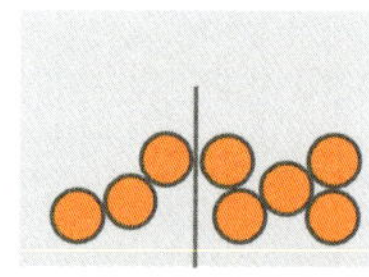

___ + ___

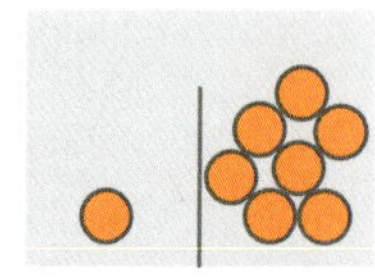

___ + ___

10

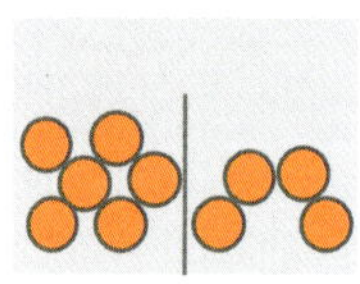

___ + ___

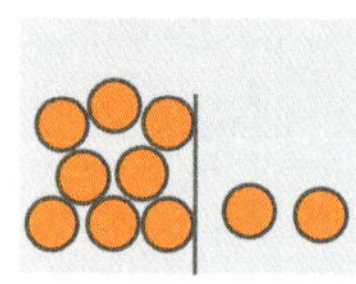

___ + ___

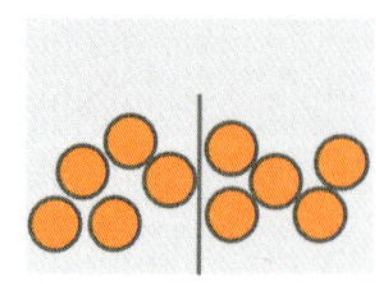

___ + ___

2

7

3 + ___

6 + ___

2 + ___

9

4 + ___

6 + ___

0 + ___

10

7 + ___

4 + ___

9 + ___

Zahlenhäuser

1

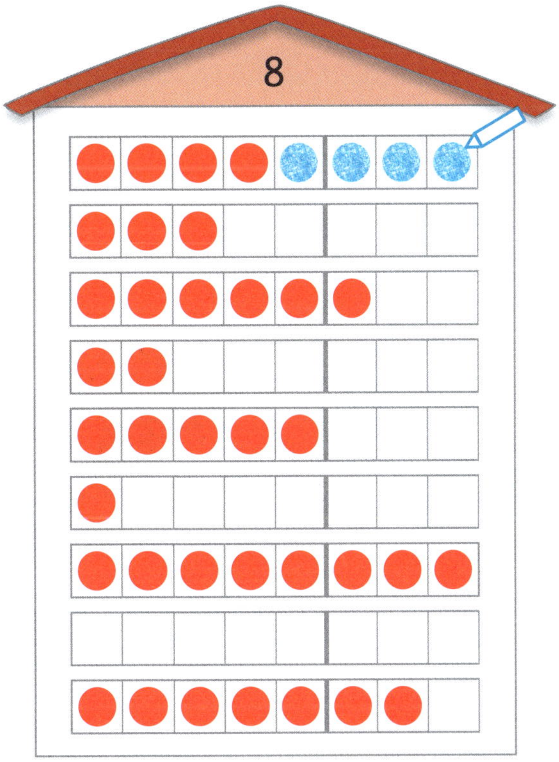

8

4 + 4

___ + ___

___ + ___

___ + ___

___ + ___

___ + ___

___ + ___

___ + ___

___ + ___

2

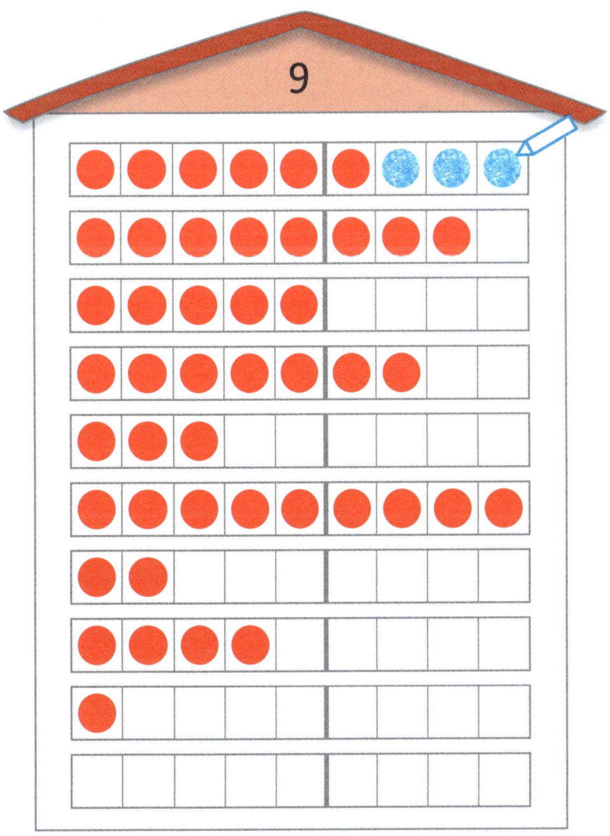

9

6 + 3

___ + ___

___ + ___

___ + ___

___ + ___

___ + ___

___ + ___

___ + ___

___ + ___

___ + ___

○ **1**

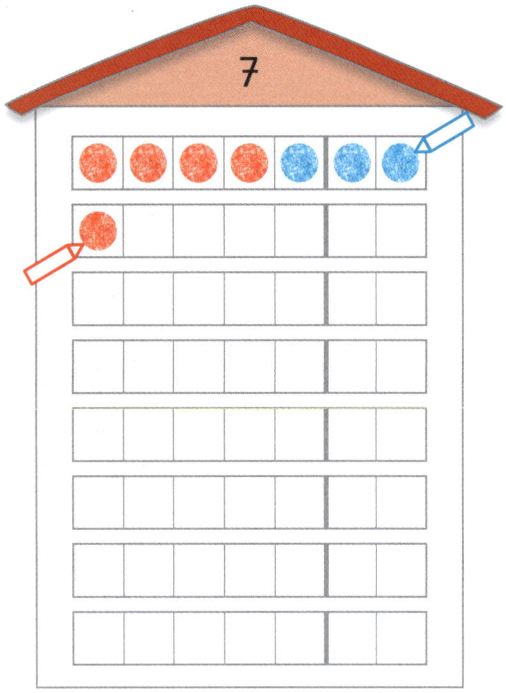

7

4 + 3

6 + ___

3 + ___

7 + ___

5 + ___

2 + ___

1 + ___

0 + ___

○ **2**

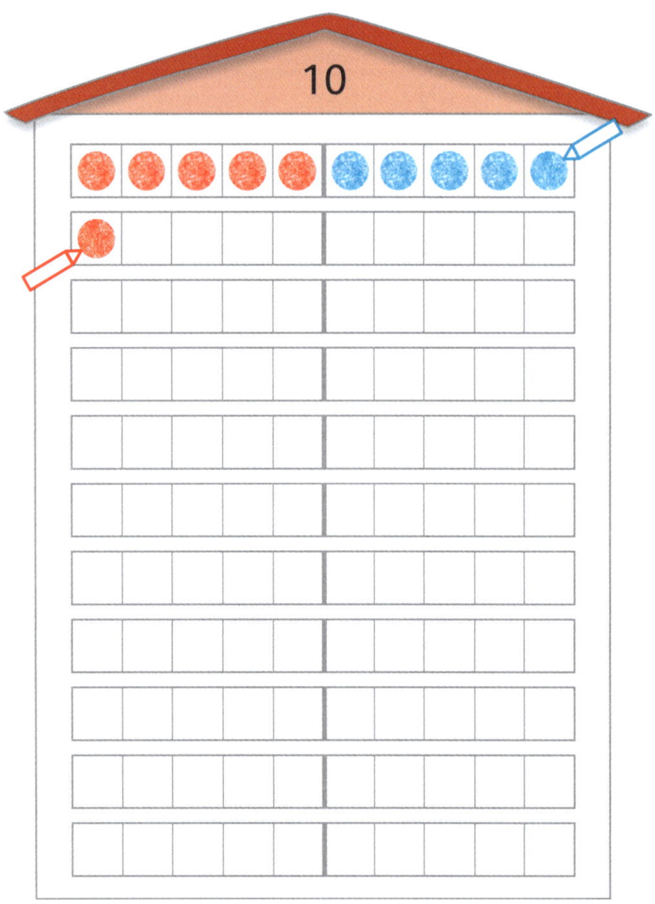

10

5 + 5

8 + ___

6 + ___

9 + ___

4 + ___

10 + ___

7 + ___

2 + ___

3 + ___

1 + ___

0 + ___

Wiederholung

○ **1**

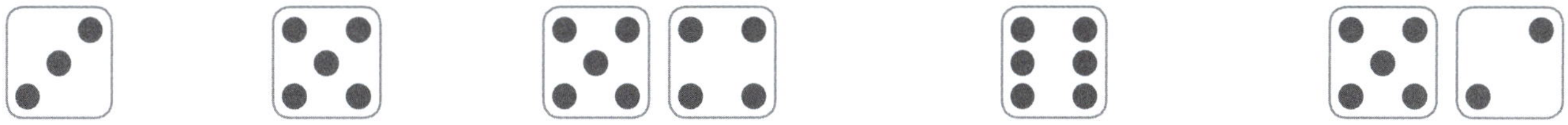

3 ___ ___ ___ ___

6 4 8 10

○ **2**

5 4

___ 9

___ 7

○ **3**

7

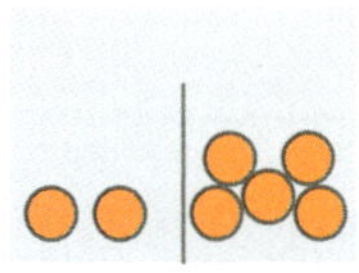

2 + ___

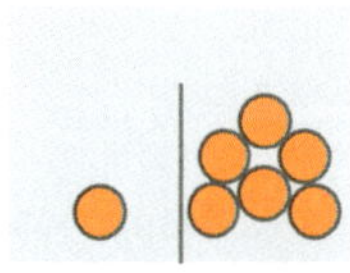

___ + ___

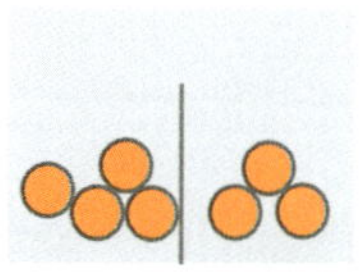

___ + ___

○ **4**

1	2	3
7	8	

	6		8

	5	6
	1	2

	7		9

Wie erfolgreich hast du gearbeitet?
Male den passenden Raben aus.

Plus: Es werden mehr

1

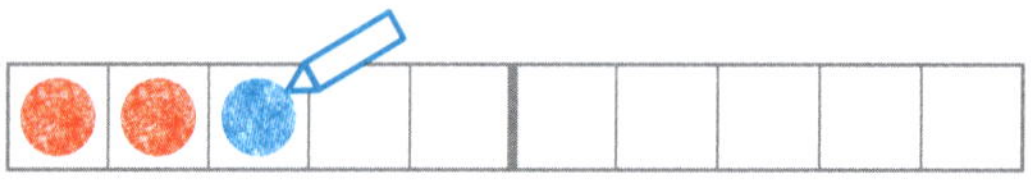

2 + 1 = ____

2

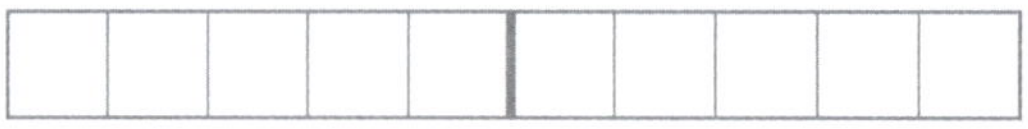

____ + ____ = ____

3

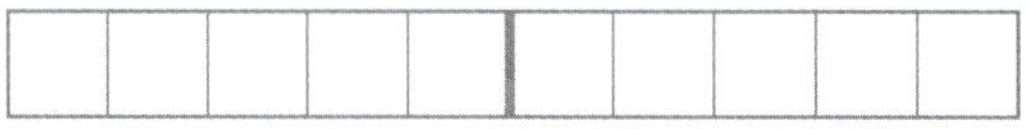

____ + ____ = ____

1

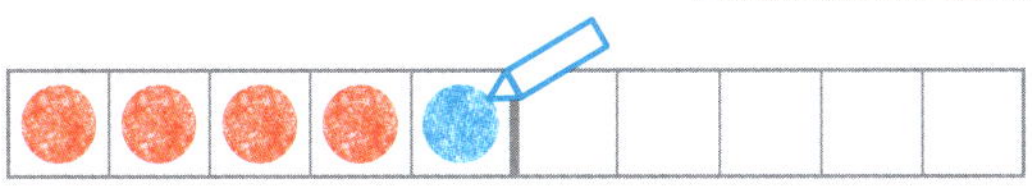

4 + ____ = ____

____ + ____ = ____

____ + ____ = ____

____ + ____ = ____

____ + ____ = ____

____ + ____ = ____

Plus: Es werden mehr

○ **1**

4 + 2 = ___

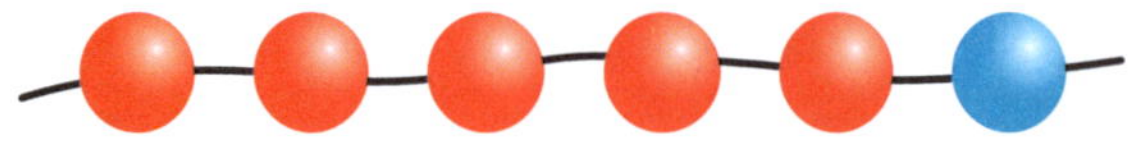

___ + ___ = ___

___ + ___ = ___

___ + ___ = ___

___ + ___ = ___

___ + ___ = ___

___ + ___ = ___

○ **2**

2 + 4 = ___

1 + 4 = ___

3 + 4 = ___

0 + 4 = ___

2 + 2 = ___

4 + 4 = ___

2 + 8 = ___

1

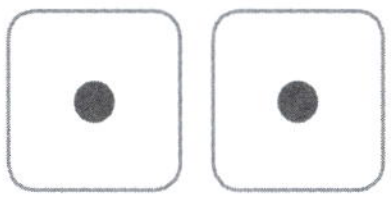

1 + ___ = ___

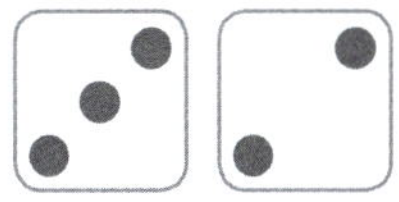

___ + ___ = ___

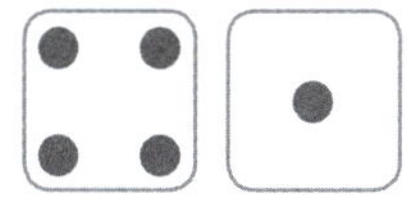

___ + ___ = ___

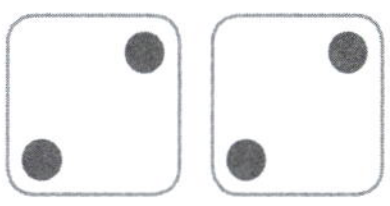

___ + ___ = ___

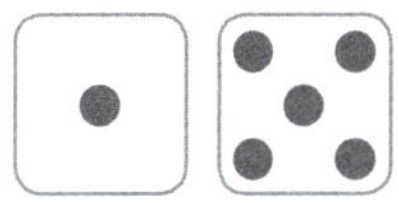

___ + ___ = ___

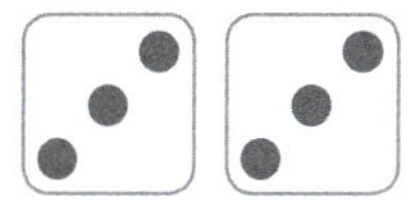

___ + ___ = ___

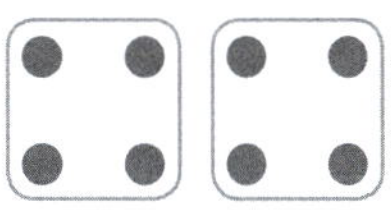

___ + ___ = ___

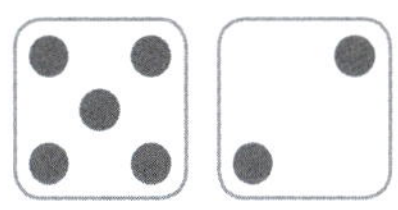

___ + ___ = ___

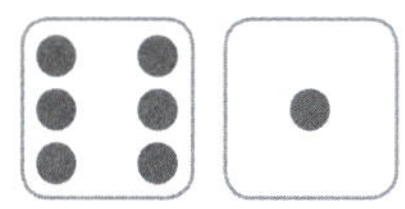

___ + ___ = ___

2

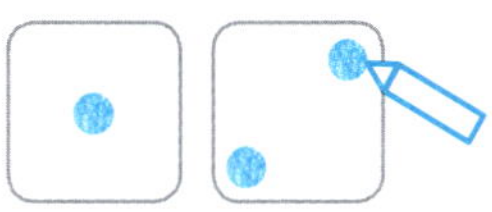

1 + 2 = ___

1 + 3 = ___

1 + 4 = ___

2 + 3 = ___

2 + 4 = ___

2 + 5 = ___

6 + 2 = ___

6 + 3 = ___

6 + 4 = ___

5 + 3 = ___

5 + 4 = ___

5 + 5 = ___

Plusaufgaben üben

○ **1**

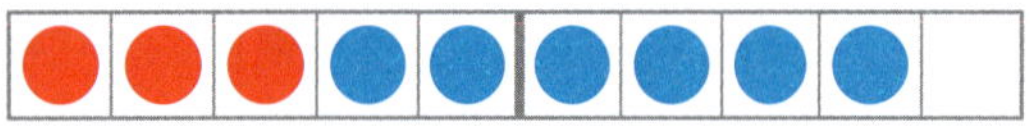

3 + ____ = ____

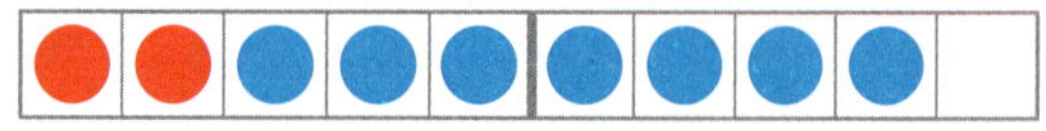

____ + ____ = ____

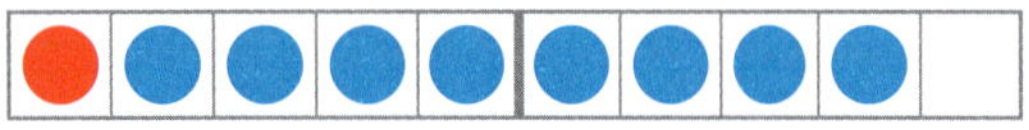

____ + ____ = ____

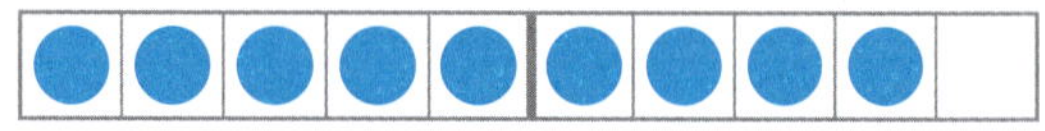

____ + ____ = ____

○ **2**

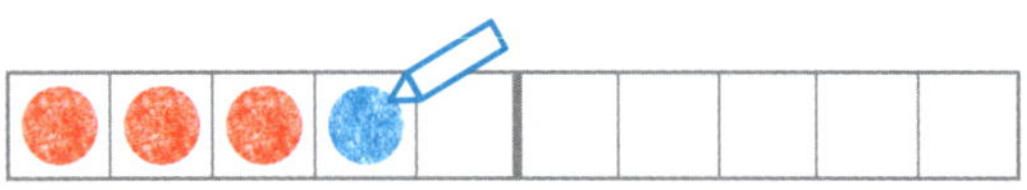

3 + 5 = ____

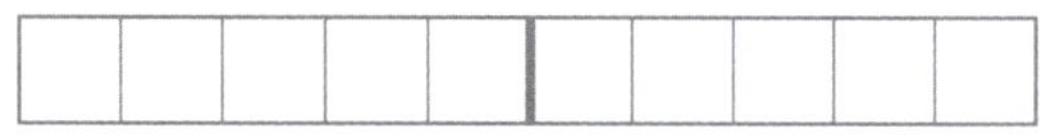

2 + 6 = ____

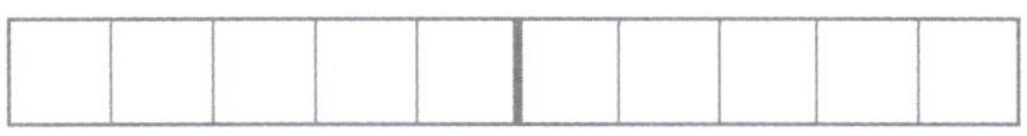

1 + 7 = ____

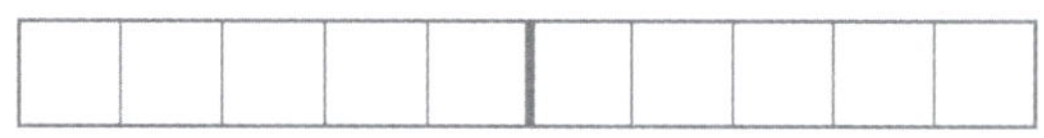

0 + 8 = ____

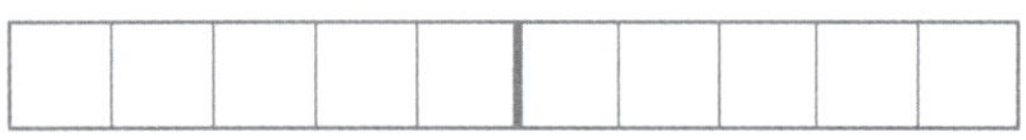

4 + 3 = ____

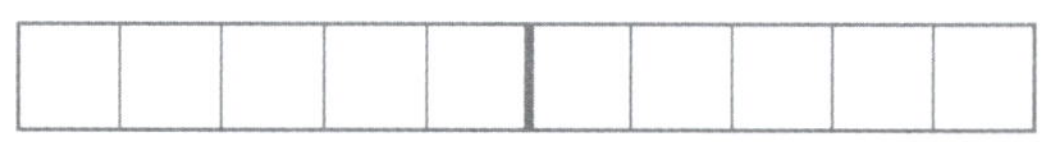

6 + 0 = ____

○ **3**

1 + 1 = ____
2 + 2 = ____
3 + 3 = ____
4 + 4 = ____
5 + 5 = ____

2 + 1 = ____
3 + 1 = ____
4 + 1 = ____
5 + 1 = ____
6 + 1 = ____

3 + 2 = ____
4 + 2 = ____
5 + 2 = ____
6 + 2 = ____
7 + 2 = ____

8 + 1 = ____
7 + 2 = ____
6 + 3 = ____
5 + 4 = ____
4 + 5 = ____

6 + 4 = ____
7 + 3 = ____
8 + 2 = ____
9 + 1 = ____
10 + 0 = ____

1 + 0 = ____
3 + 0 = ____
5 + 0 = ____
7 + 0 = ____
9 + 0 = ____

Tauschaufgaben

○ **1**

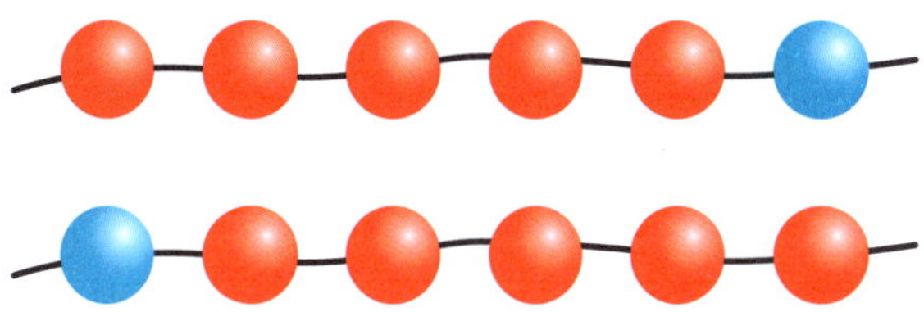

5 + 1 = ___

1 + ___ = ___

___ + ___ = ___

___ + ___ = ___

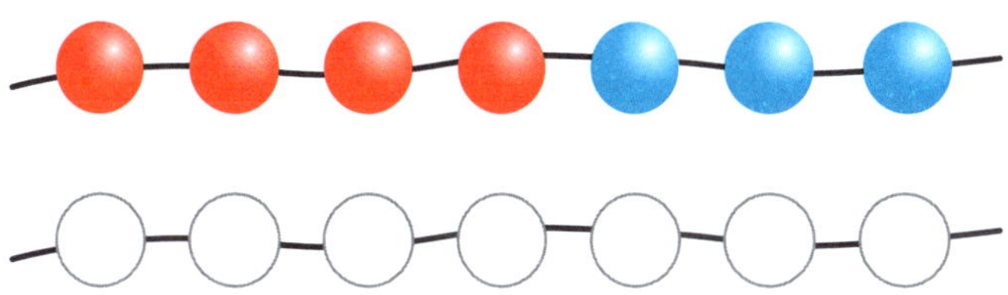

___ + ___ = ___

___ + ___ = ___

○ **2**

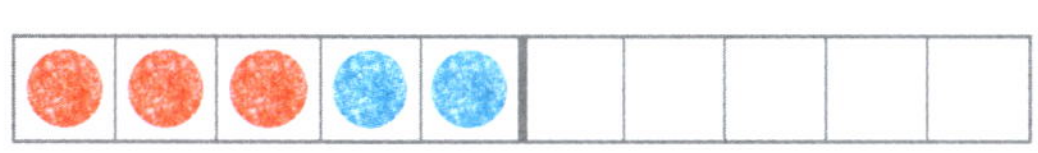

3 + 2 = ___

2 + 3 = ___

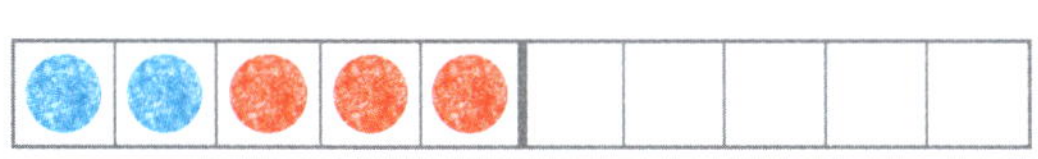

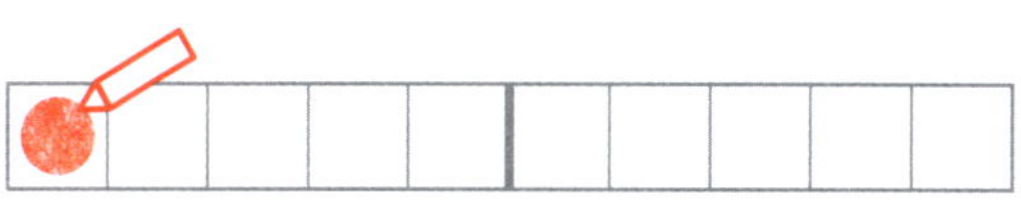

1 + 6 = ___

6 + 1 = ___

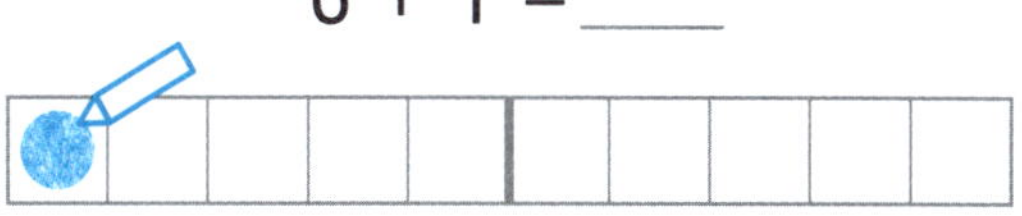

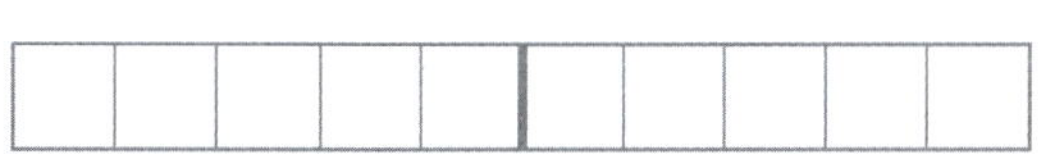

7 + 2 = ___

2 + 7 = ___

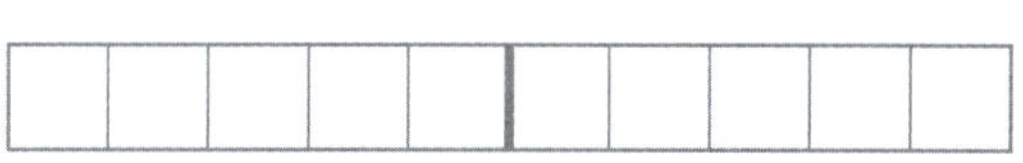

5 + 4 = ___

4 + 5 = ___

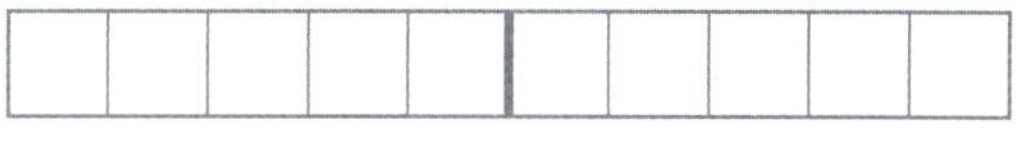

Ergänzen

○ **1**

4 + 2 = 6

5 + ___ = 6

3 + ___ = 6

1 + ___ = 6

2 + ___ = 6

0 + ___ = 6

○ **2**

4 + ___ = 7

3 + ___ = 4

5 + ___ = 8

2 + ___ = 3

1 + ___ = 5

2 + ___ = 4

○ **3**

4 + 1 = 5	7 + ___ = 8	9 + ___ = 10
3 + ___ = 5	6 + ___ = 8	7 + ___ = 10
2 + ___ = 5	5 + ___ = 8	5 + ___ = 10
1 + ___ = 5	4 + ___ = 8	3 + ___ = 10
0 + ___ = 5	3 + ___ = 8	1 + ___ = 10

Minus: Es werden weniger

○ **1**

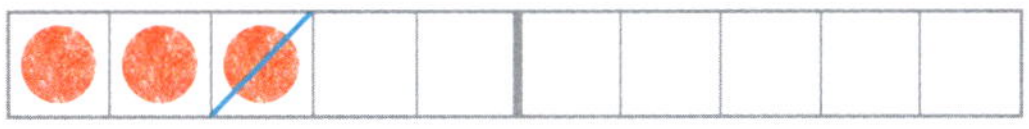

3 – 1 = ___

○ **2**

___ – ___ = ___

○ **3**

___ – ___ = ___

Minus: Es werden weniger

○ **1**

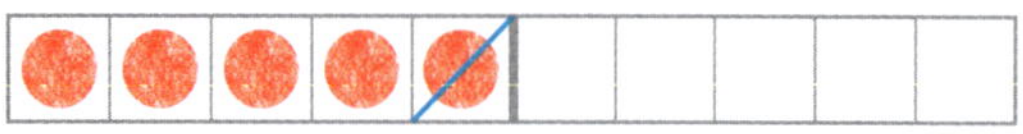

5 – ___ = ___

___ – ___ = ___

___ – ___ = ___

___ – ___ = ___

___ – ___ = ___

___ – ___ = ___

1

6 – 2 = ___

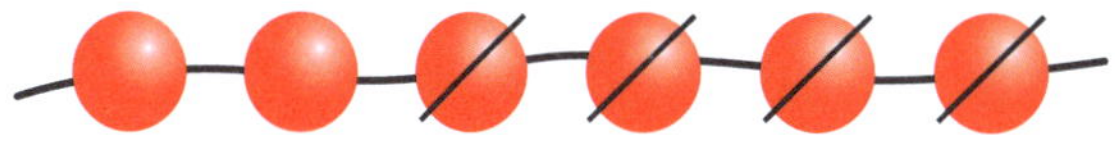

___ – ___ = ___

___ – ___ = ___

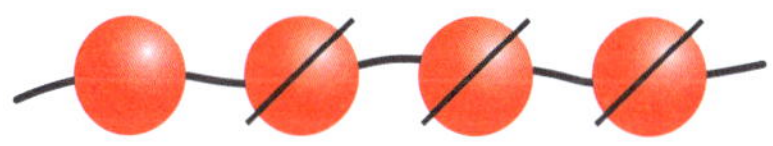

___ – ___ = ___

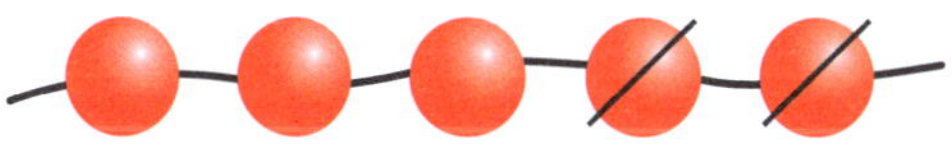

___ – ___ = ___

___ – ___ = ___

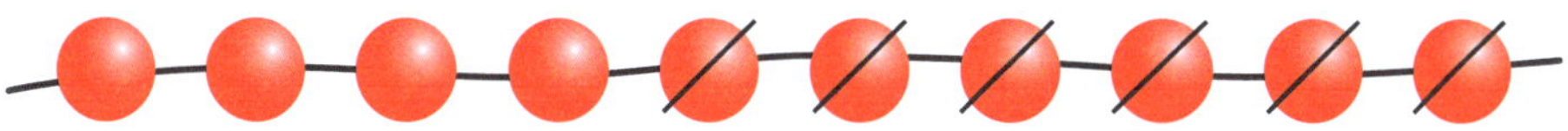

___ – ___ = ___

2

7 – 3 = ___

5 – 1 = ___

8 – 5 = ___

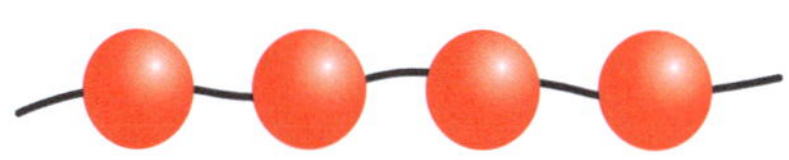

4 – 2 = ___

4 – 4 = ___

8 – 4 = ___

○ **1**

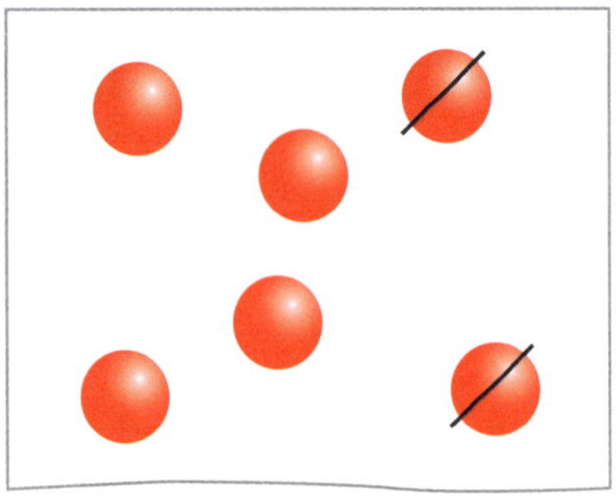

6 − 2 = ____

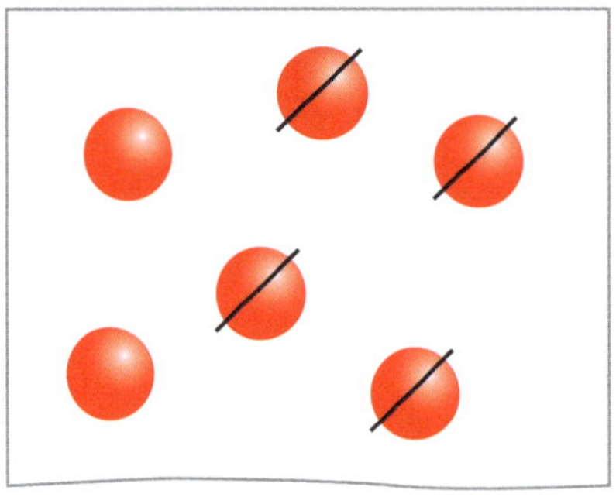

6 − ____ = ____

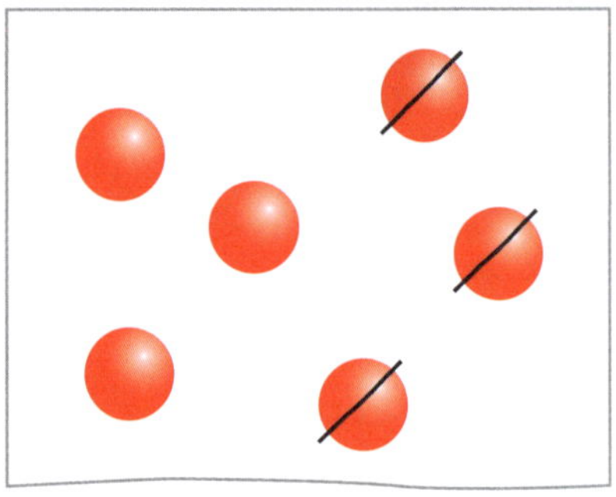

____ − ____ = ____

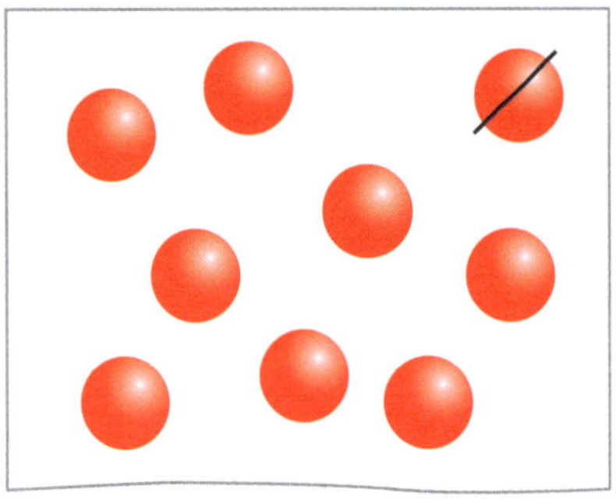

____ − ____ = ____

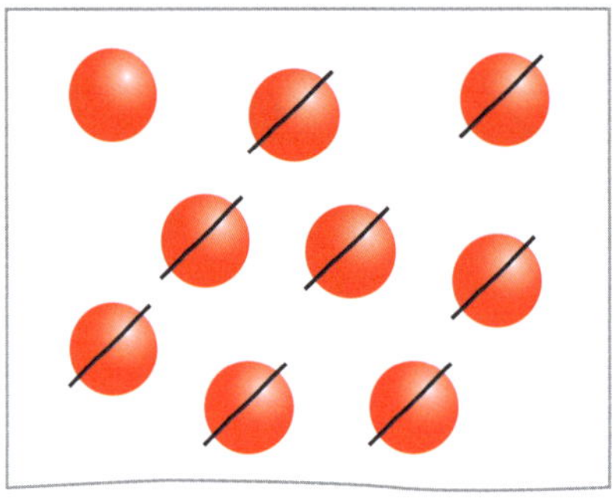

____ − ____ = ____

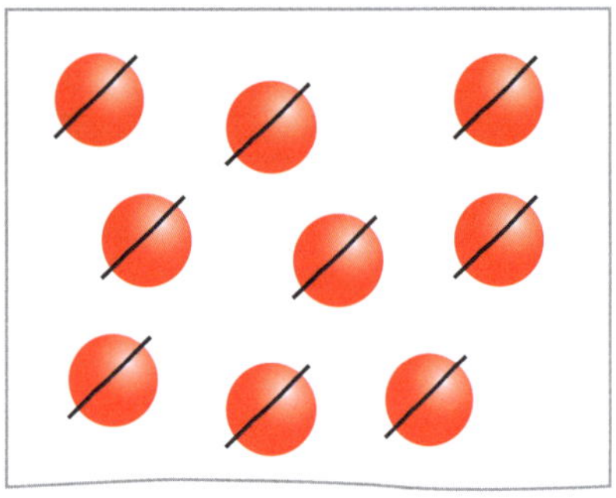

____ − ____ = ____

○ **2**

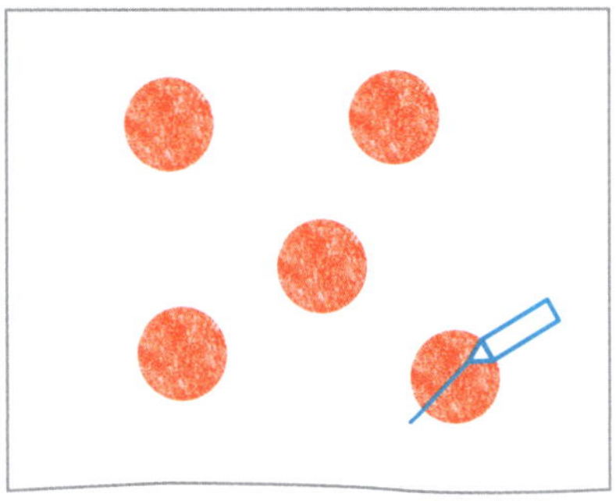

5 − 1 = 4

5 − 3 = ____

5 − 5 = ____

8 − 4 = ____

8 − 3 = ____

8 − 2 = ____

Minusaufgaben üben

○ **1**

9 – ___ = ___

___ – ___ = ___

___ – ___ = ___

___ – ___ = ___

○ **2**

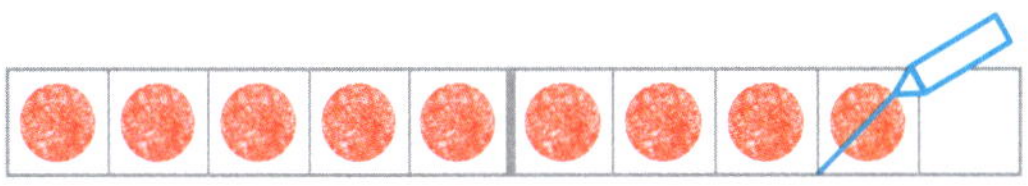

9 – 5 = ___

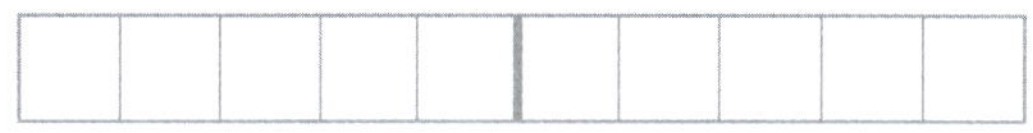

8 – 7 = ___

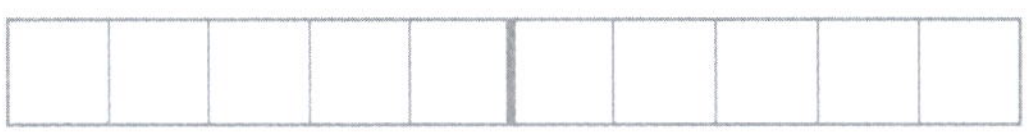

10 – 4 = ___

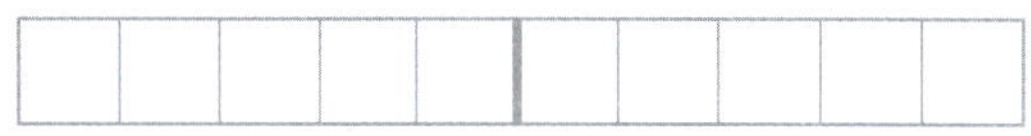

5 – 0 = ___

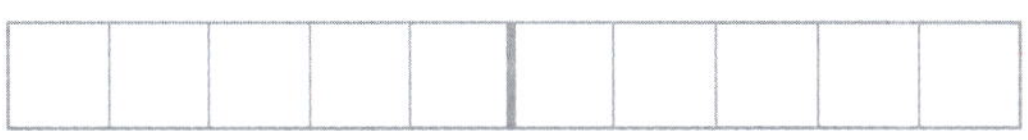

6 – 5 = ___

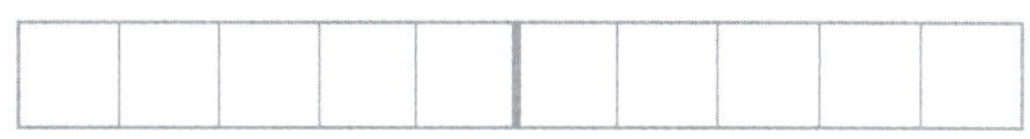

4 – 4 = ___

○ **3**

2 – 1 = ___
4 – 2 = ___
6 – 3 = ___
8 – 4 = ___
10 – 5 = ___

6 – 1 = ___
7 – 1 = ___
8 – 1 = ___
9 – 1 = ___
10 – 1 = ___

6 – 2 = ___
5 – 2 = ___
4 – 2 = ___
3 – 2 = ___
2 – 2 = ___

10 – 2 = ___
9 – 3 = ___
8 – 4 = ___
7 – 5 = ___
6 – 6 = ___

6 – 4 = ___
7 – 5 = ___
8 – 6 = ___
9 – 7 = ___
10 – 8 = ___

2 – 0 = ___
4 – 0 = ___
6 – 0 = ___
8 – 0 = ___
10 – 0 = ___

Plus am Zahlenstrahl

○ **1**

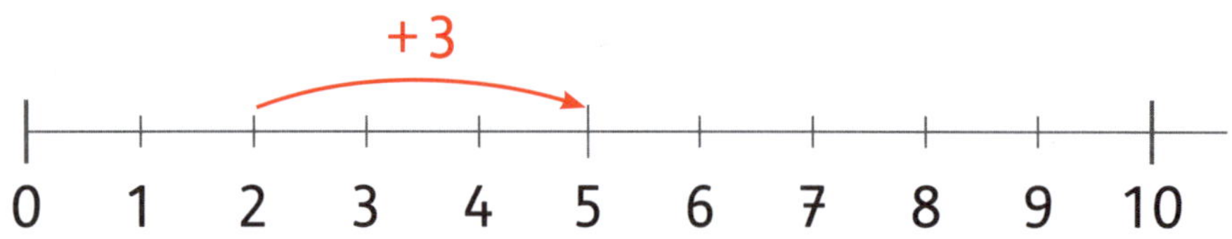

2 + 3 = ____

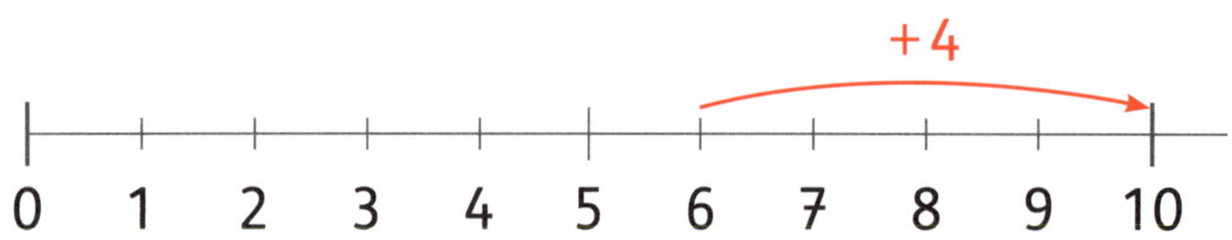

6 + 4 = ____

○ **2**

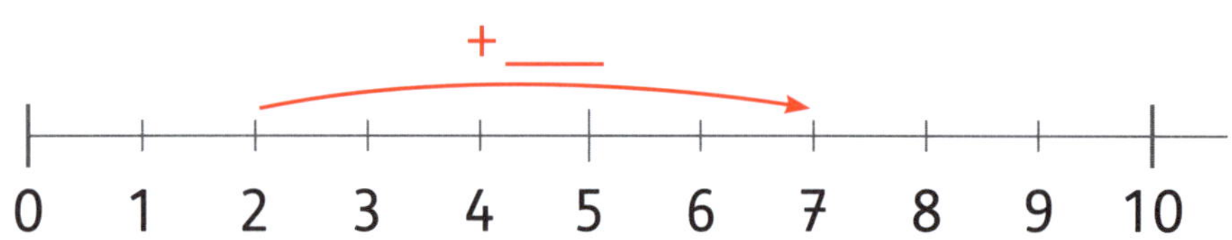

2 + 5 = ____

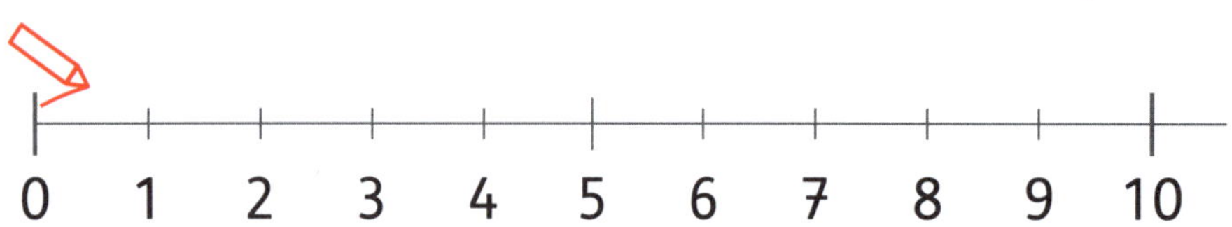

0 + 6 = ____

○ **3**

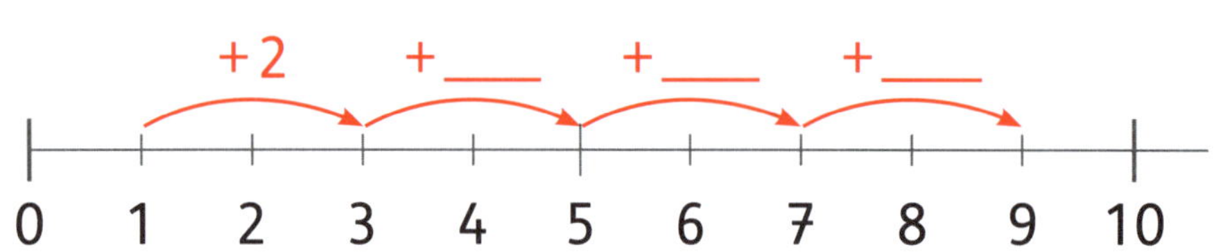

1 + 2 = ____

3 + 2 = ____

5 + 2 = ____

7 + 2 = ____

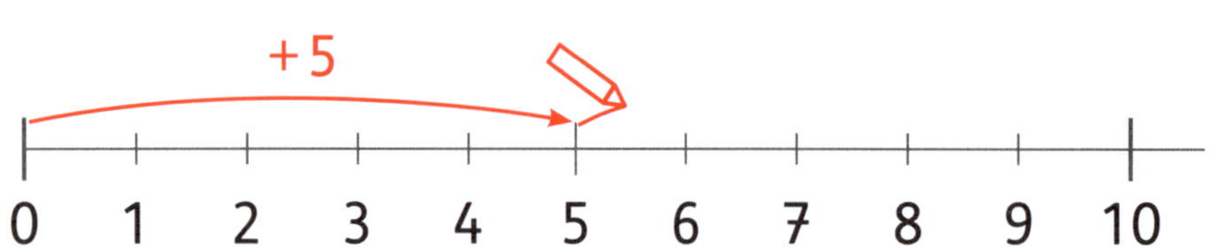

0 + 5 = ____

5 + 5 = ____

Minus am Zahlenstrahl

1

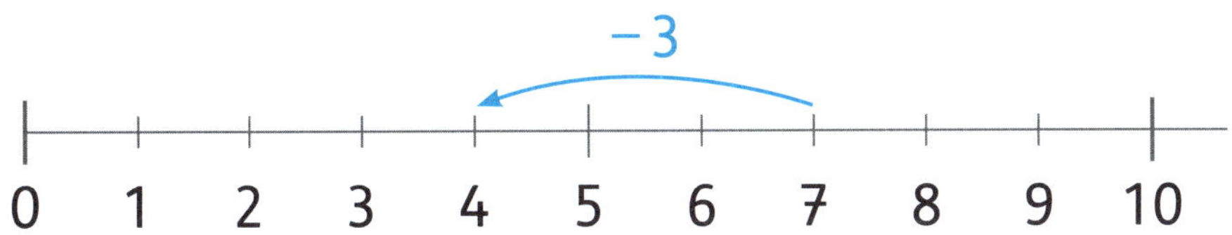

7 − 3 = ____

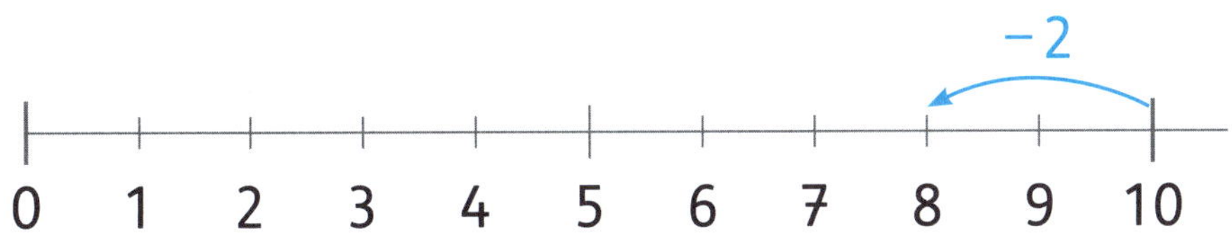

10 − 2 = ____

2

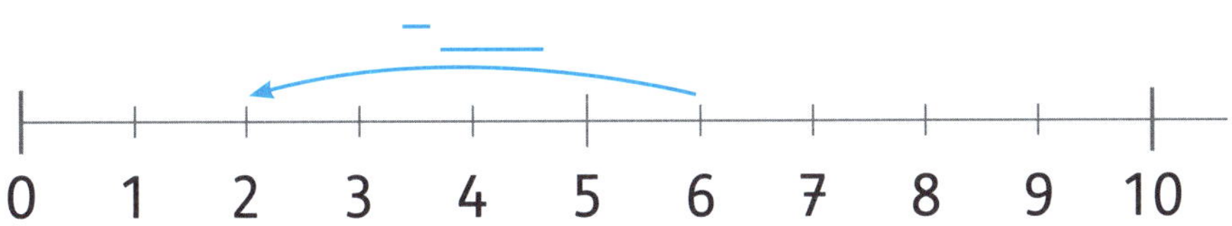

6 − 4 = ____

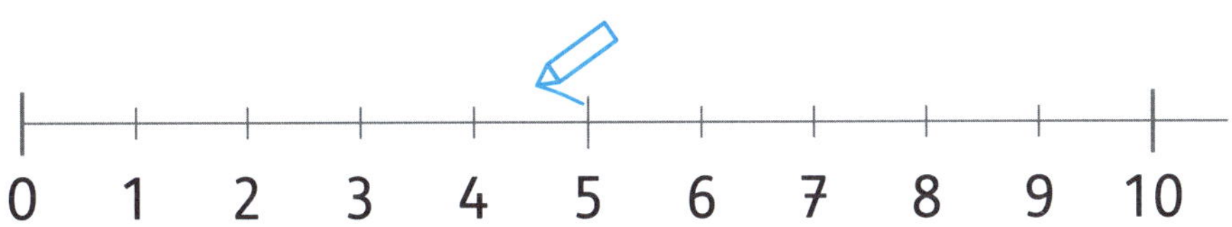

5 − 5 = ____

3

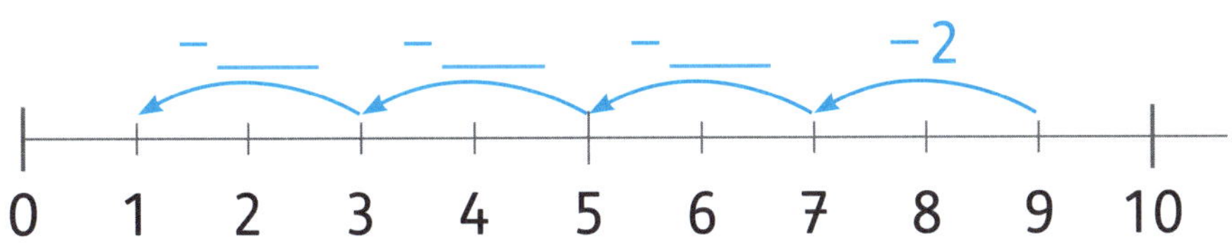

9 − 2 = ____

7 − 2 = ____

5 − 2 = ____

3 − 2 = ____

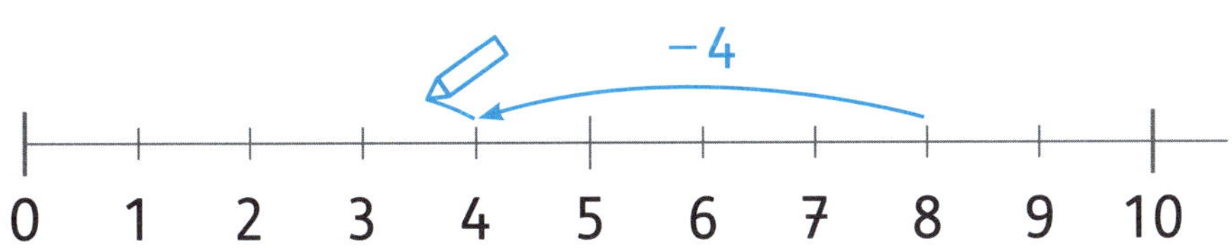

8 − 4 = ____

4 − 4 = ____

Zahlenmauern

○ **1**

4			
3 1	2 2	4 0	1 3
2 3	2 4		2 5
4 1	5 1	6 1	7 1
1 9	2 8	4 6	5 5

○ **2**

3	5	2	4
2 1	3	1	2
7	8	9	10
4	4	4	4
6	5	4	
2	1	0	
10	10	10	10
5	9	6	8

Umkehraufgaben

○ **1**

5 + 2 = ____

7 − 2 = ____

____ + ____ = ____

____ − ____ = ____

____ + ____ = ____

____ − ____ = ____

○ **2**

5 − 3 = ____

2 + 3 = ____

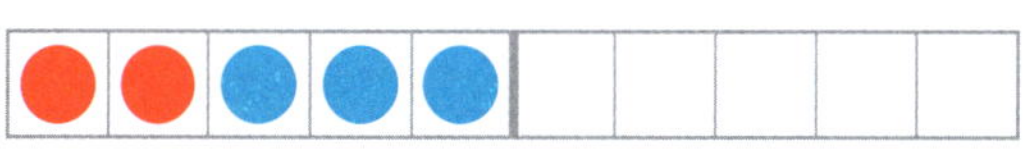

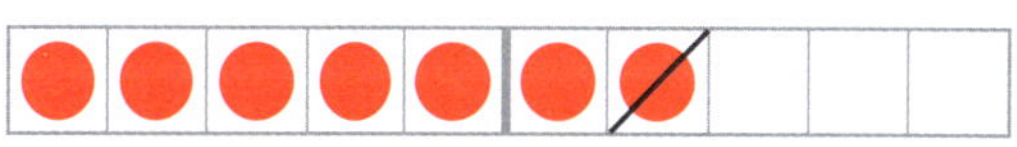

7 − 1 = ____

6 + 1 = ____

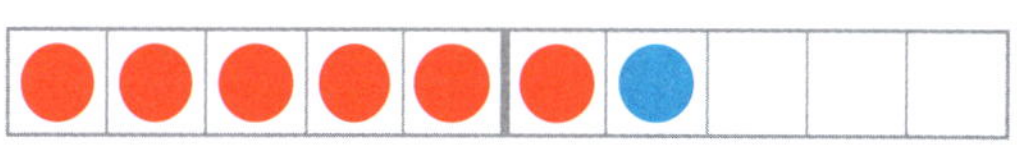

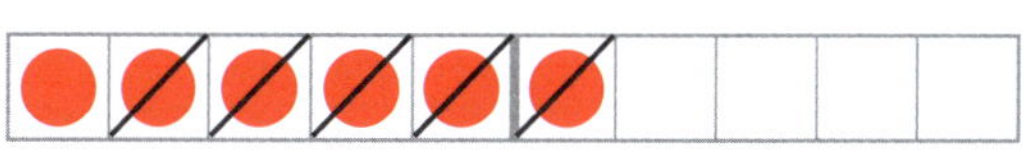

6 − ____ = ____

____ + ____ = ____

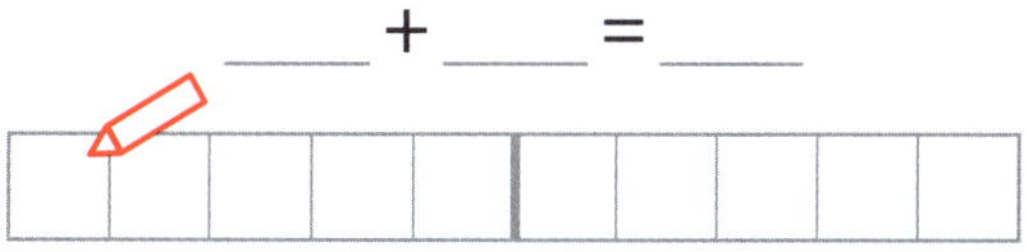

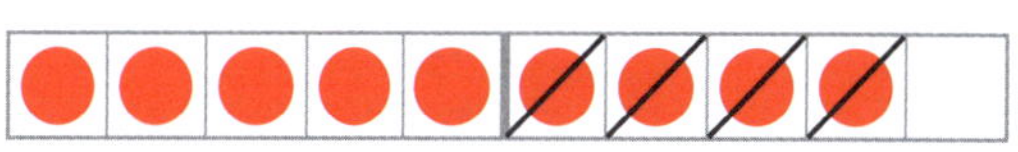

____ − ____ = ____

____ + ____ = ____

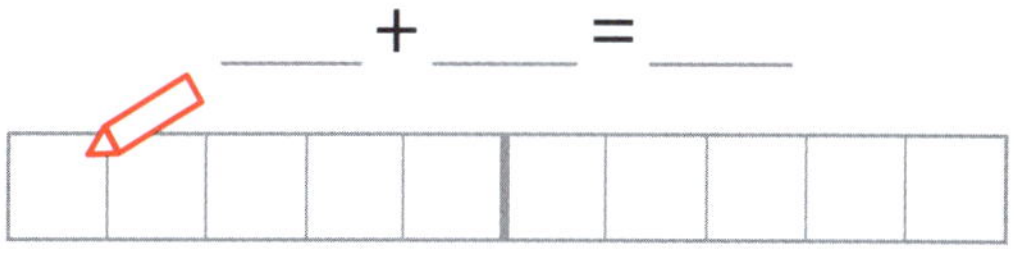

Minusaufgaben üben

○ **1**

6 – __1__ = 5

6 – ____ = 4

6 – ____ = 3

6 – ____ = 2

6 – ____ = 1

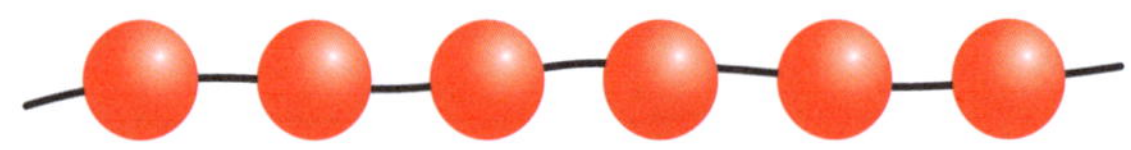

6 – ____ = 0

○ **2**

8 – __1__ = 7

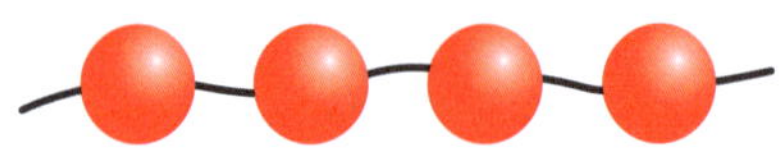

4 – ____ = 3

8 – ____ = 6

4 – ____ = 2

8 – ____ = 5

4 – ____ = 1

○ **3**

5 – __1__ = 4	7 – ____ = 6	10 – ____ = 9
5 – ____ = 3	7 – ____ = 5	10 – ____ = 7
5 – ____ = 2	7 – ____ = 4	10 – ____ = 5
5 – ____ = 1	7 – ____ = 3	10 – ____ = 3
5 – ____ = 0	7 – ____ = 2	10 – ____ = 1

○ **1**

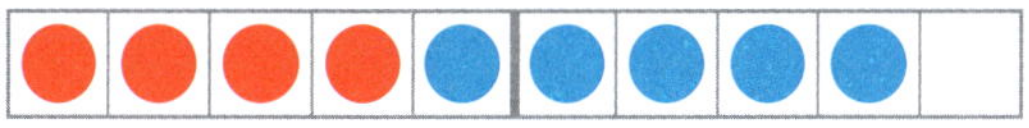

4 + ___ = ___

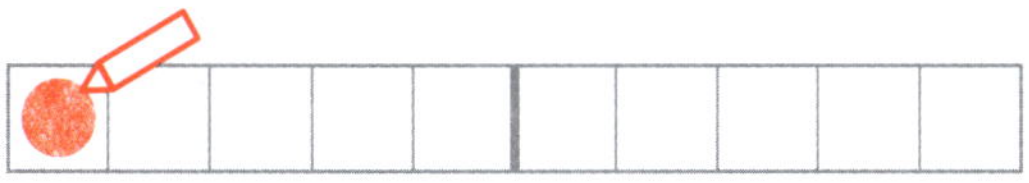

7 + 1 = ___

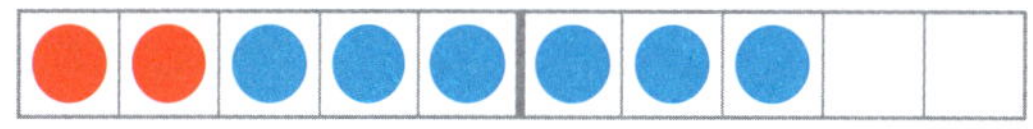

___ + ___ = ___

1 + 9 = ___

○ **2**

1 + 8 = ___
8 + ___ = ___

2 + 4 = ___
___ + ___ = ___

5 + 3 = ___
___ + ___ = ___

1 + 1 = ___
___ + ___ = ___

3 + 0 = ___
___ + ___ = ___

4 + 6 = ___
___ + ___ = ___

○ **3**

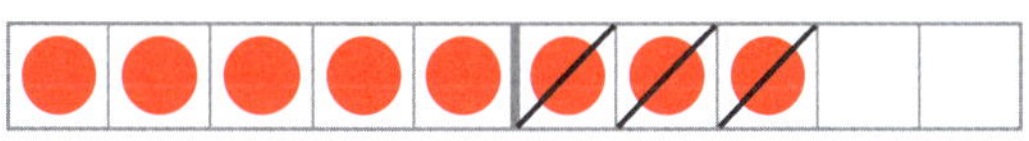

8 − ___ = ___

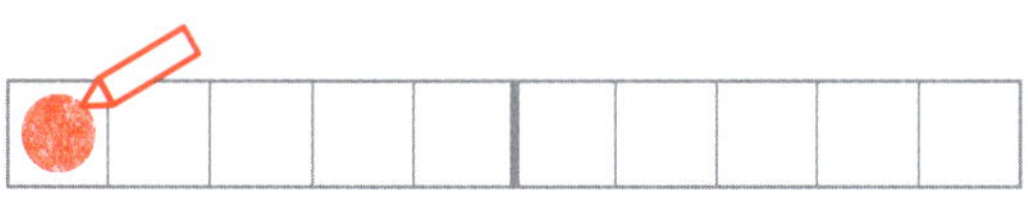

6 − 5 = ___

___ − ___ = ___

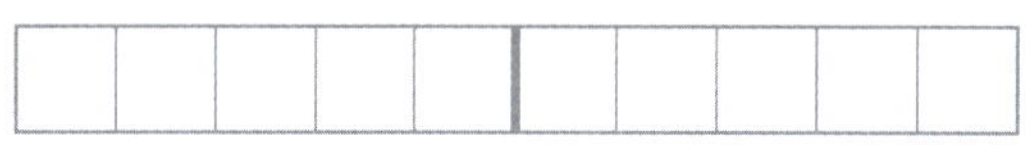

10 − 7 = ___

○ **4**

4 − 1 = 3
3 + ___ = ___

7 − 6 = ___
___ + ___ = ___

8 − 2 = ___
___ + ___ = ___

5 − 3 = ___
___ + ___ = ___

9 − 5 = ___
___ + ___ = ___

10 − 9 = ___
___ + ___ = ___

Wie erfolgreich hast du gearbeitet?
Male den passenden Raben aus.

1

12

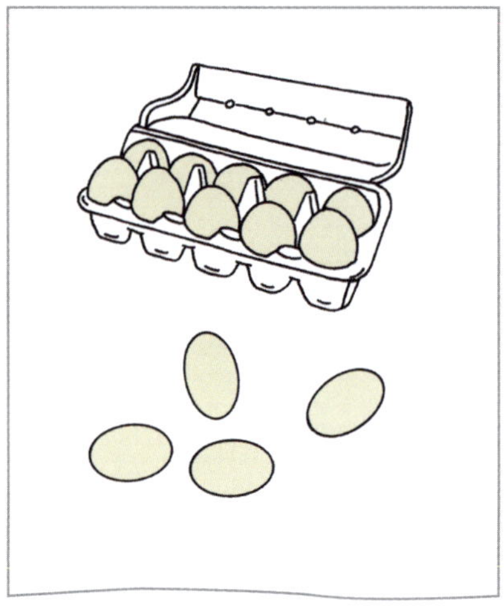

____

____

____

____

____

____

____

____

1

12

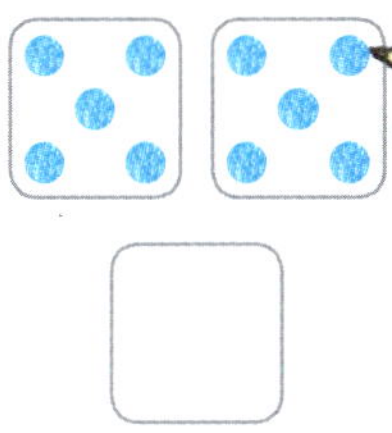

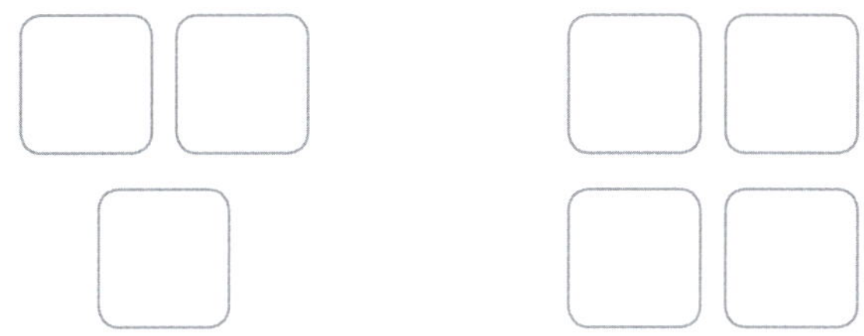

13 15 20

2

13

1

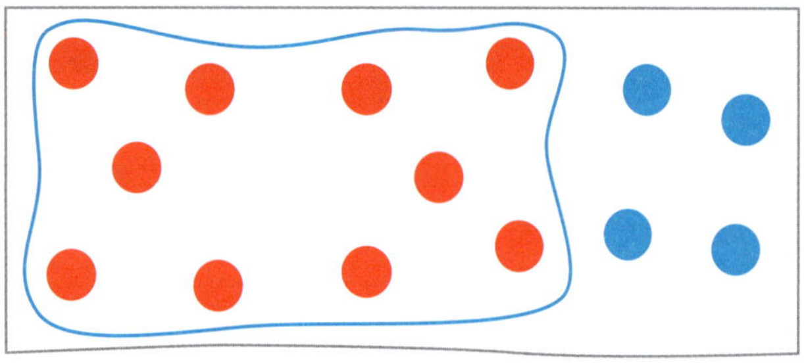

14

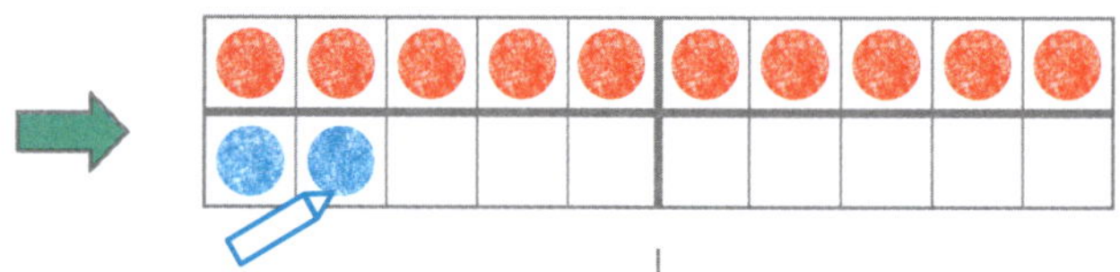

Zehner	Einer
1	

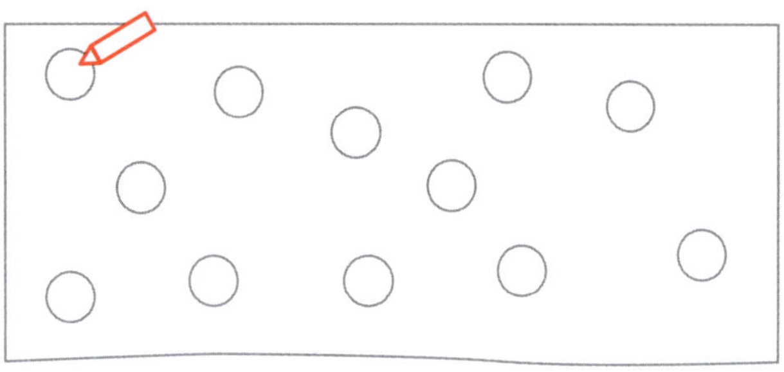

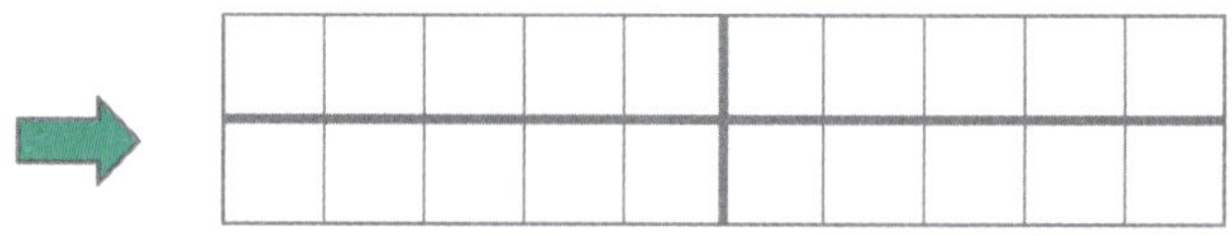

Zehner	Einer

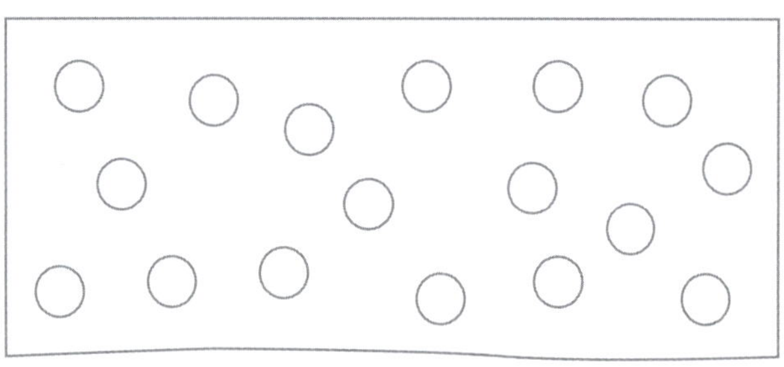

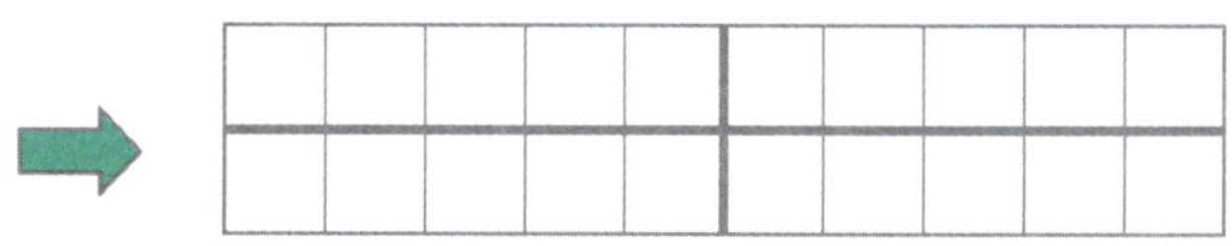

Zehner	Einer

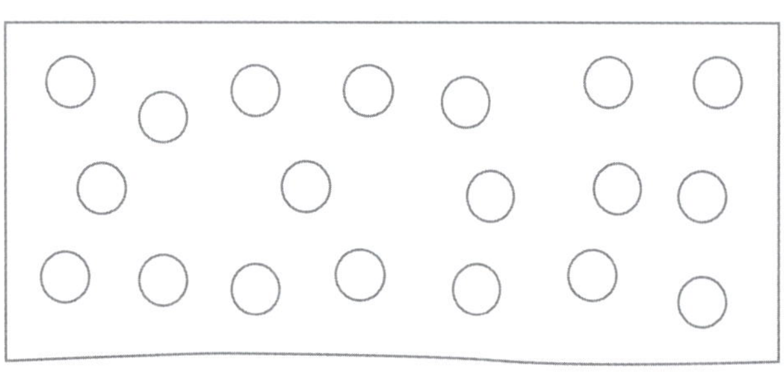

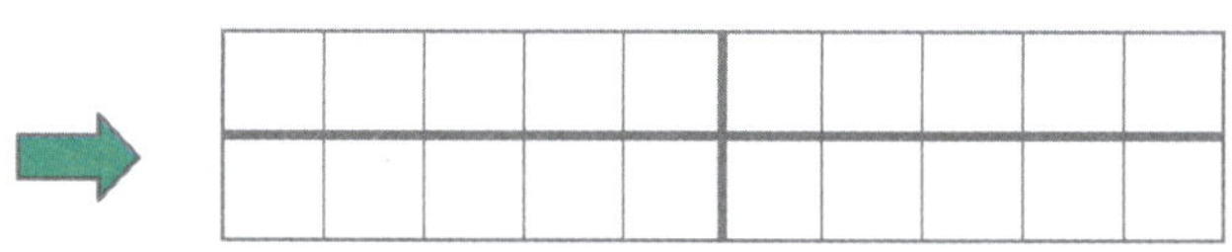

Zehner	Einer

1

10 = 10 + 1

12 = 10 + ____

13 = ____ + ____

14 = ____ + ____

15 = ____ + ____

16 = ____ + ____

17 = ____ + ____

18 = ____ + ____

19 = ____ + ____

20 = ____ + ____

2

11 = 10 + 1

12 = ____ + ____

14 = ____ + ____

15 = ____ + ____

17 = ____ + ____

18 = ____ + ____

13 = ____ + ____

20 = ____ + ____

19 = ____ + ____

16 = ____ + ____

○ **1**

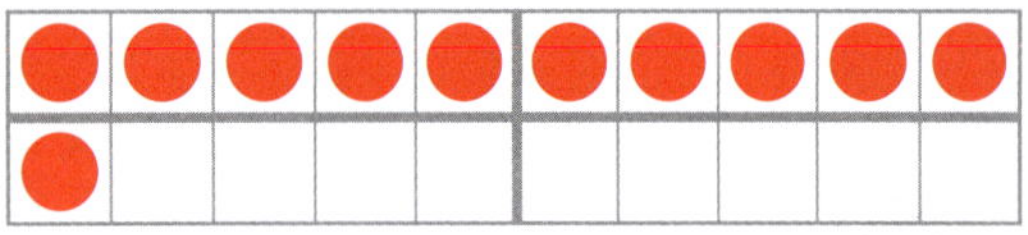

11

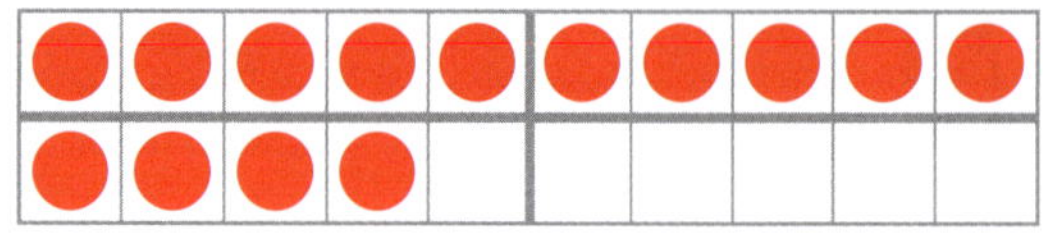

___

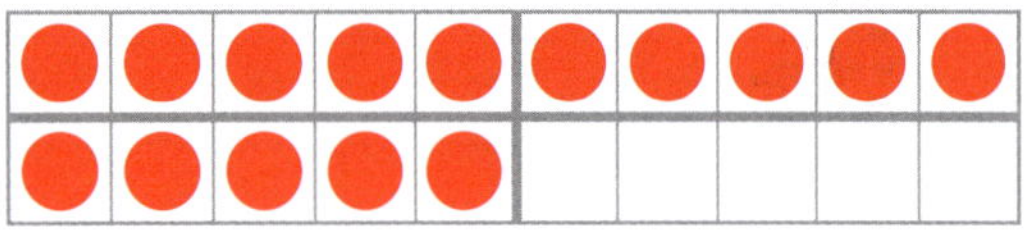

___

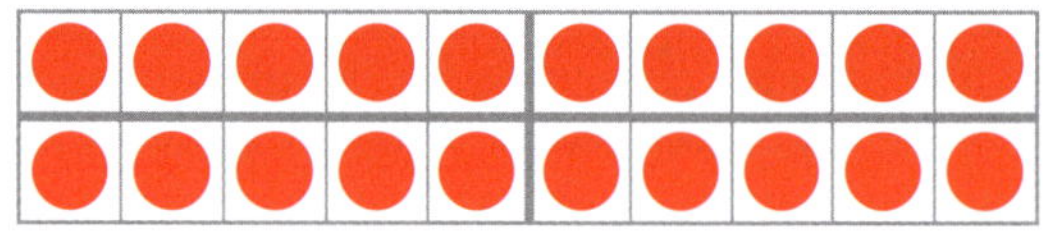

___

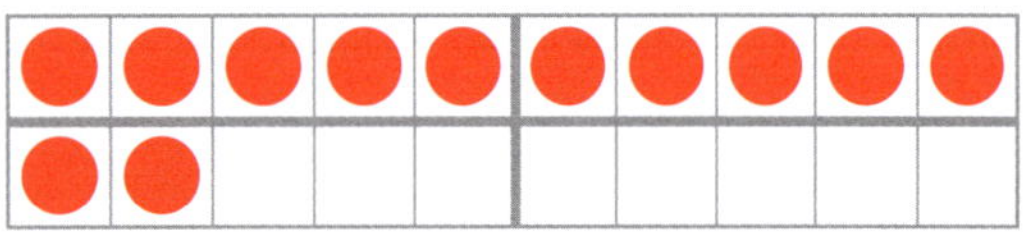

___

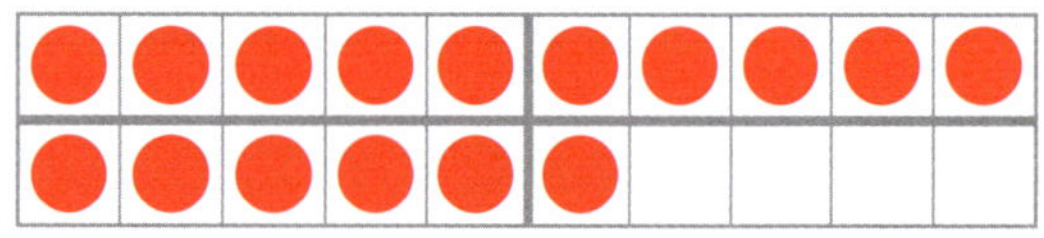

___

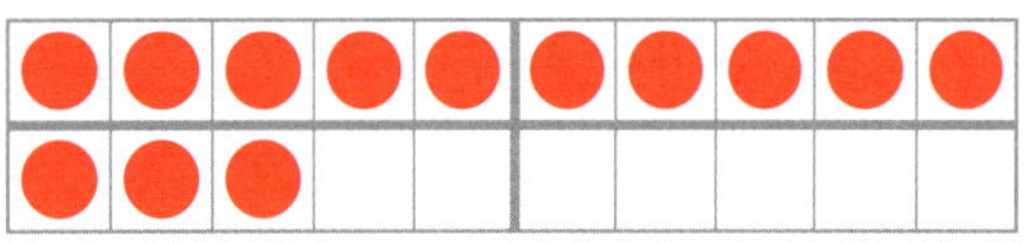

___

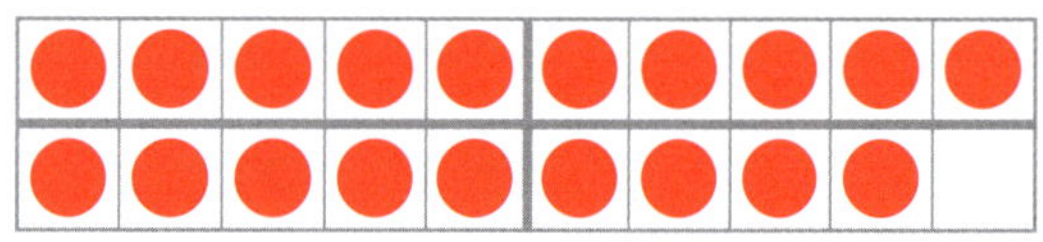

___

○ **2**

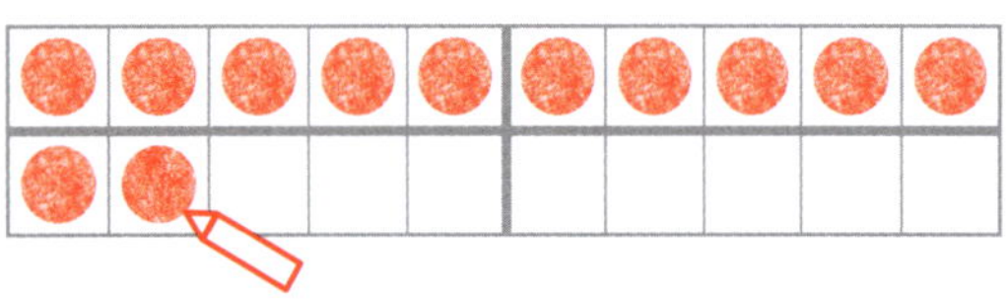

12

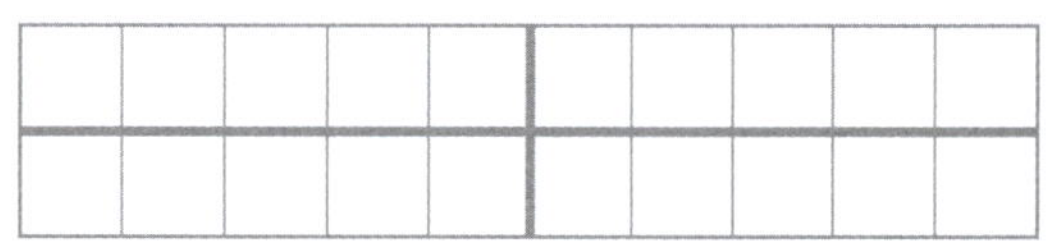

11

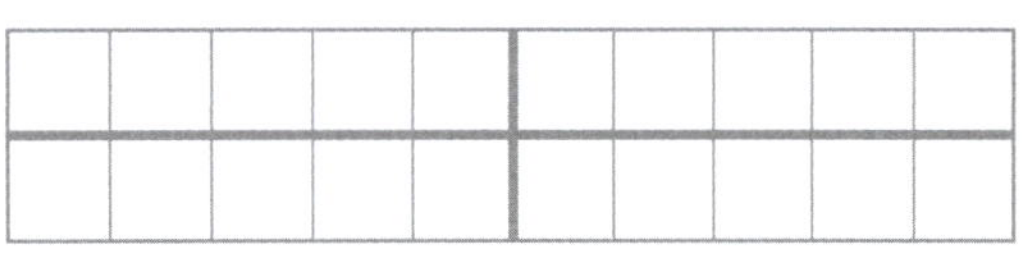

16

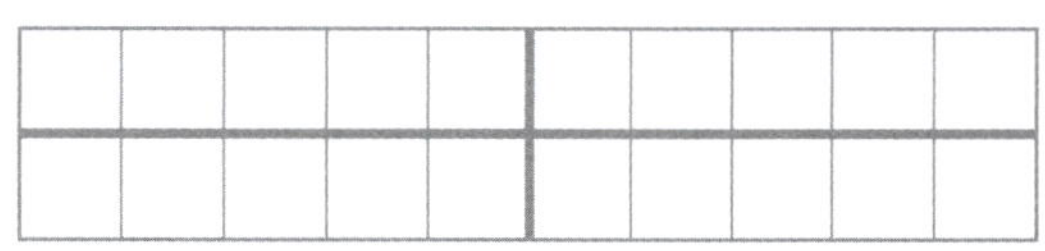

17

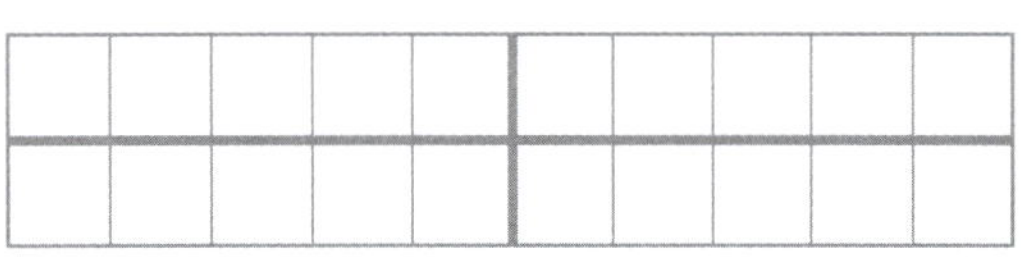

20

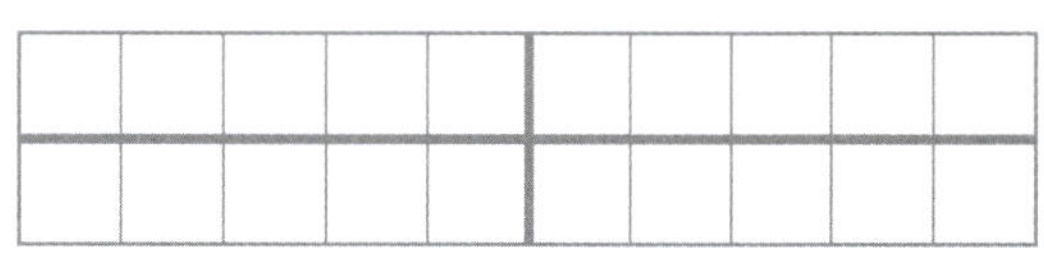

15

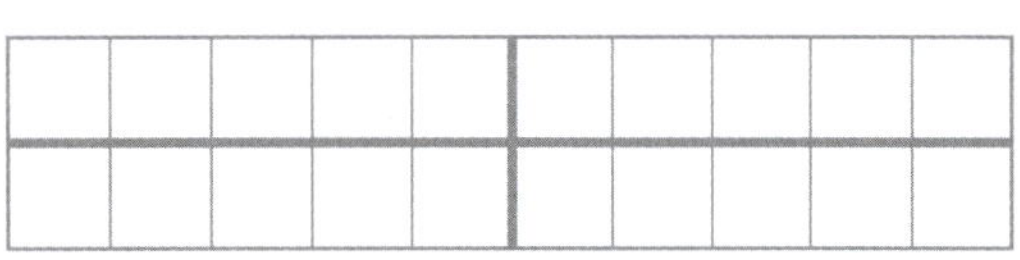

14

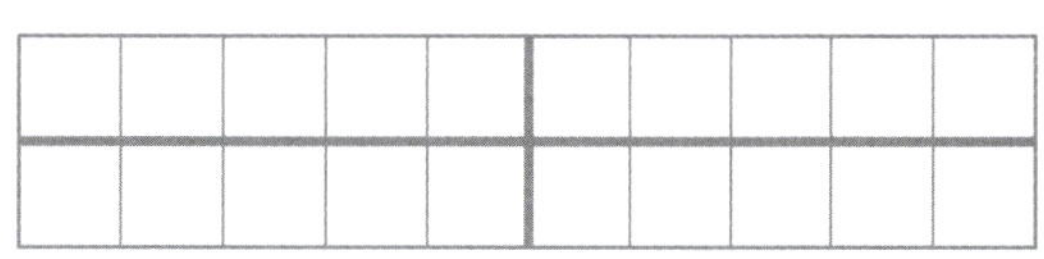

18

1

11 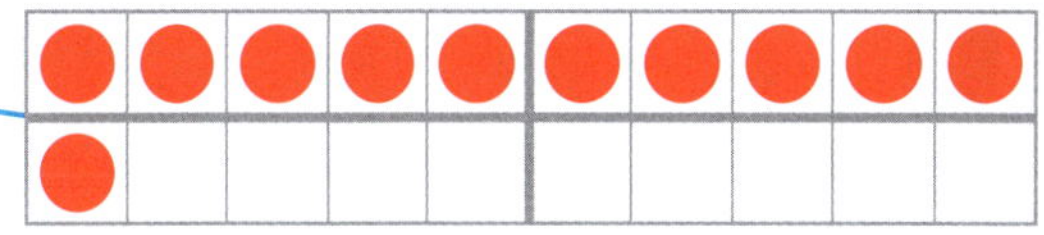

12 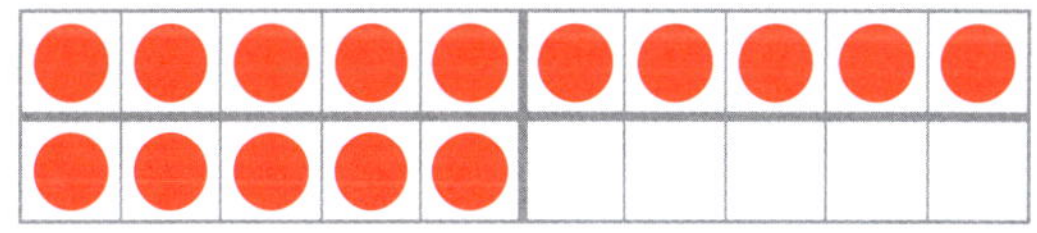

13 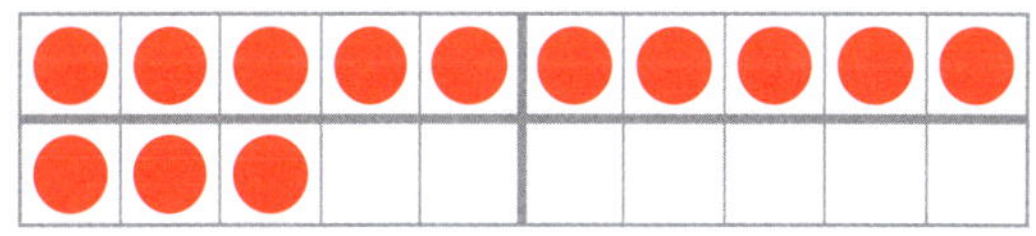

14 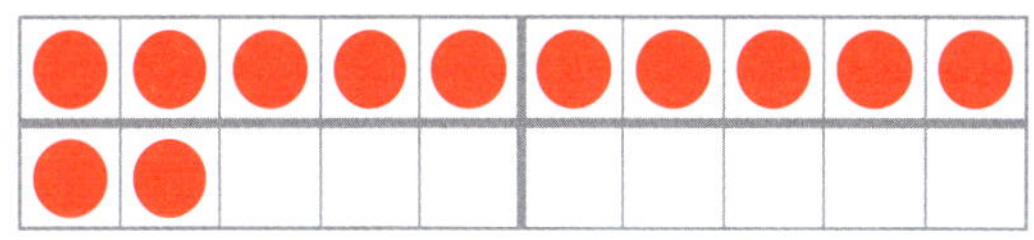

15 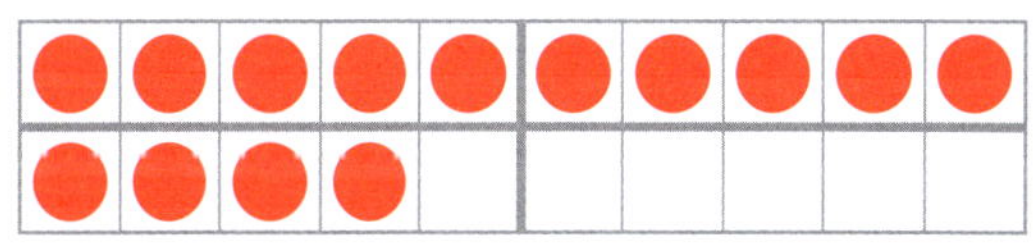

16 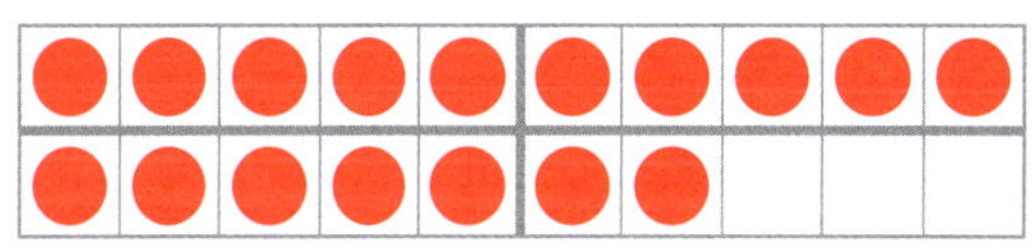

17 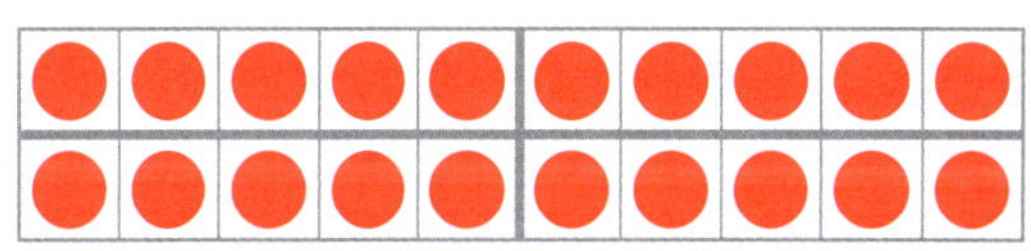

18 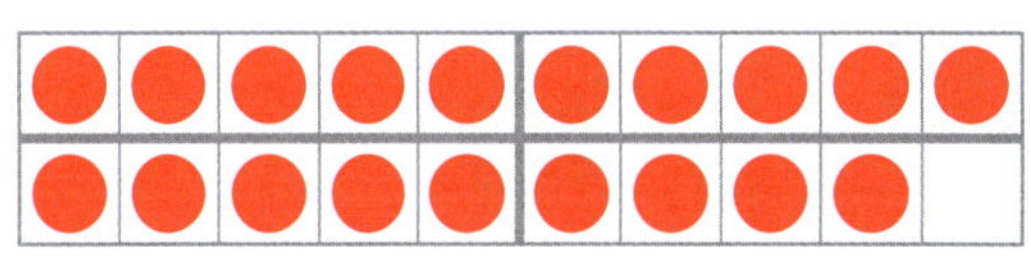

19 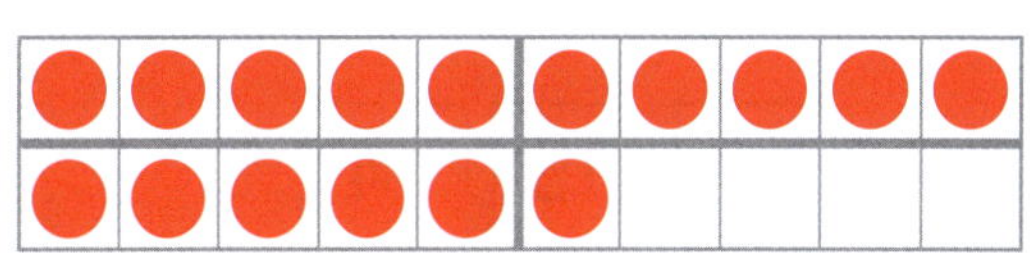

20 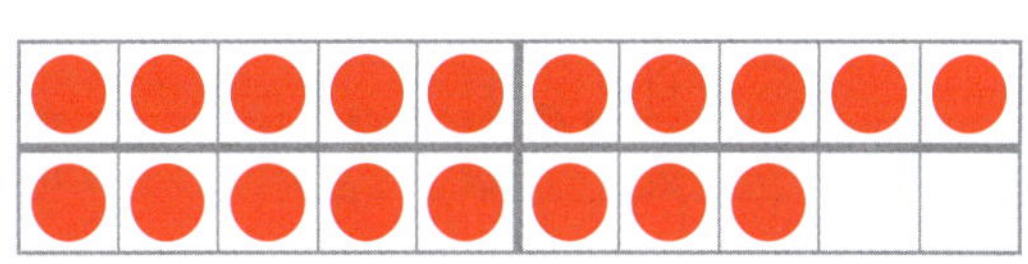

Nachbarzahlen

○ **1**

○ **2**

○ **3**

Zahlen vergleichen

○ **1**

3 < 9   13 ○ ___   ___ ○ ___   ___ ○ ___

○ **2**

2 < 3	9 ○ 6	1 ○ 8	7 ○ 5
12 ○ 13	19 ○ 16	11 ○ 18	17 ○ 15
3 ○ 2	6 ○ 9	8 ○ 1	5 ○ 7
13 ○ 12	16 ○ 19	18 ○ 11	15 ○ 17

○ **3**

2 ○ 13	19 ○ 6	1 ○ 18	17 ○ 5
12 ○ 3	9 ○ 16	11 ○ 8	7 ○ 15
13 ○ 2	6 ○ 19	18 ○ 1	5 ○ 17
3 ○ 12	16 ○ 9	8 ○ 11	15 ○ 7

Plusaufgaben

1

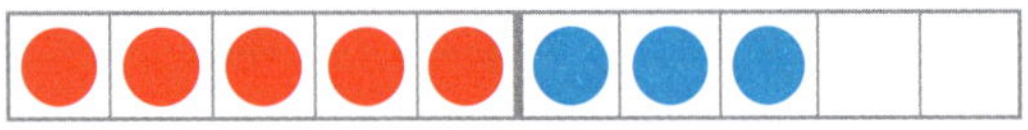

5 + 3 = ___

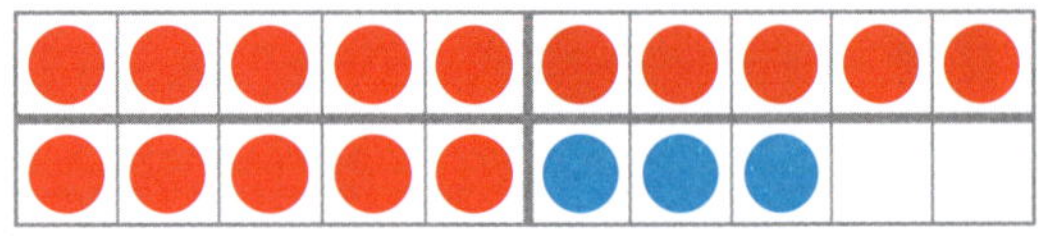

15 + 3 = ___

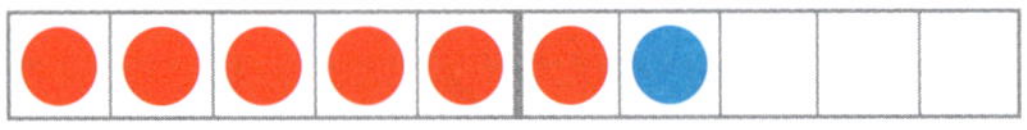

___ + ___ = ___

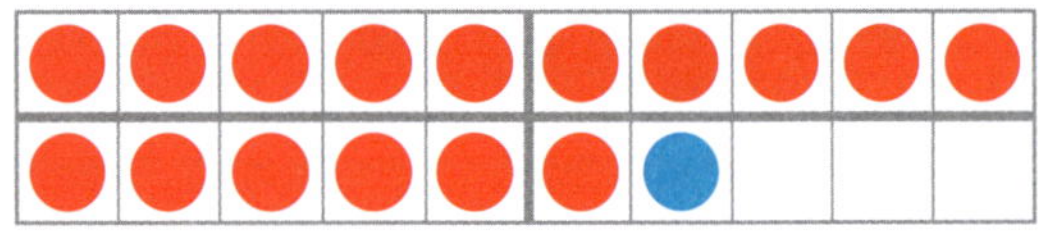

___ + ___ = ___

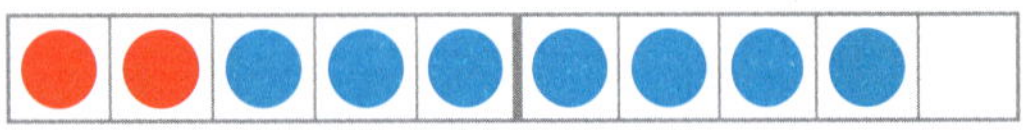

___ + ___ = ___

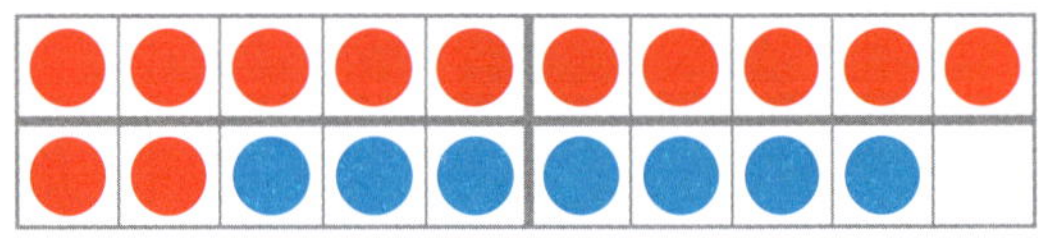

___ + ___ = ___

2

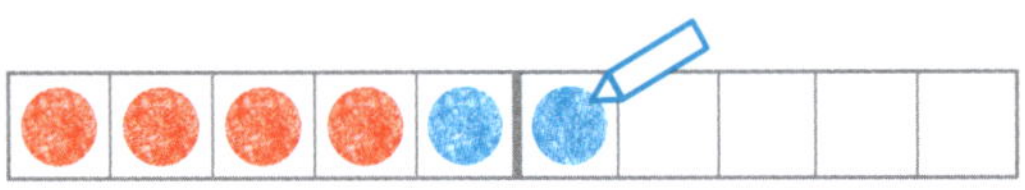

4 + 2 = ___

14 + 2 = ___

1 + 8 = ___

11 + 8 = ___

7 + 3 = ___

17 + 3 = ___

5 + 4 = ___

15 + 4 = ___

1

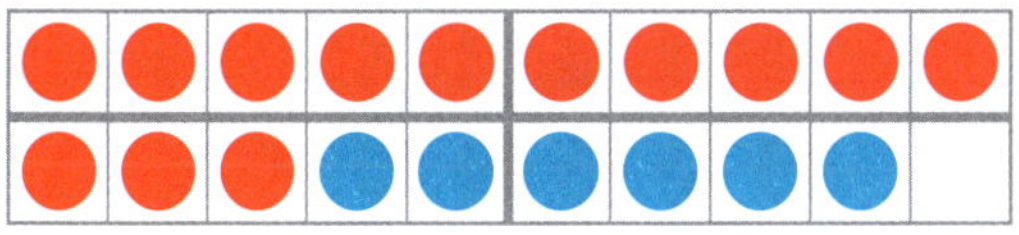

13 + 6 = ___

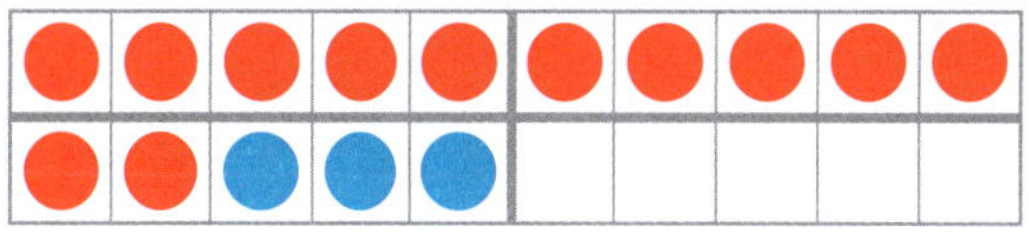

___ + ___ = ___

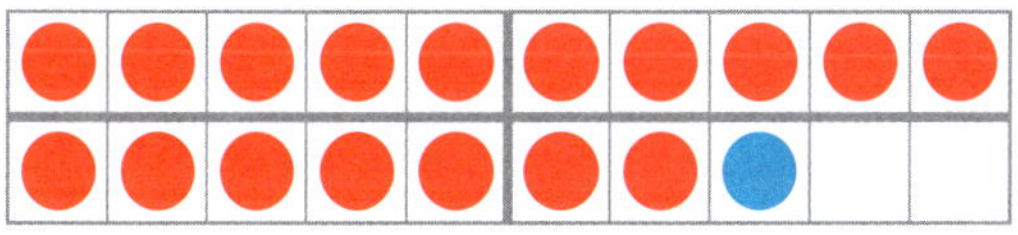

___ + ___ = ___

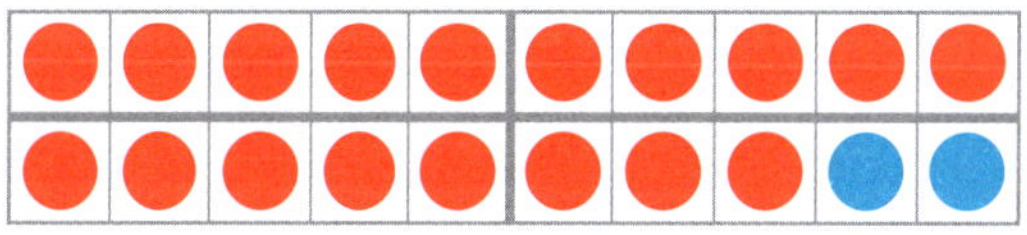

___ + ___ = ___

2

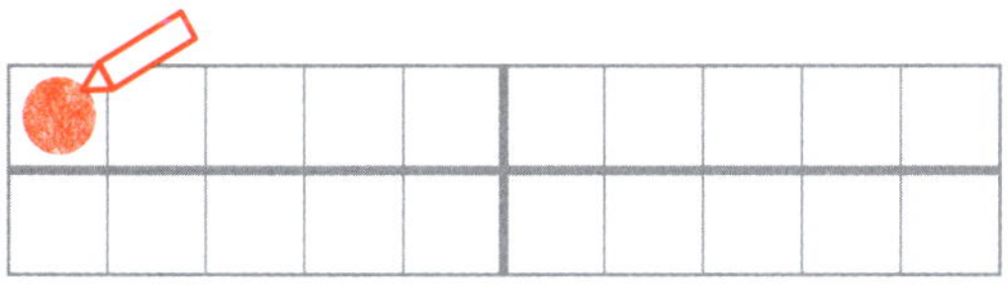

14 + 3 = ___

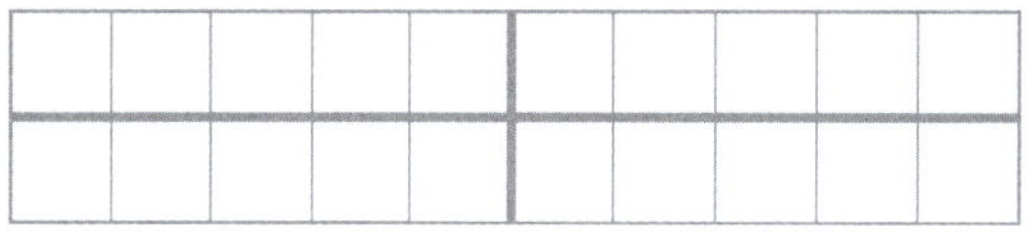

13 + 5 = ___

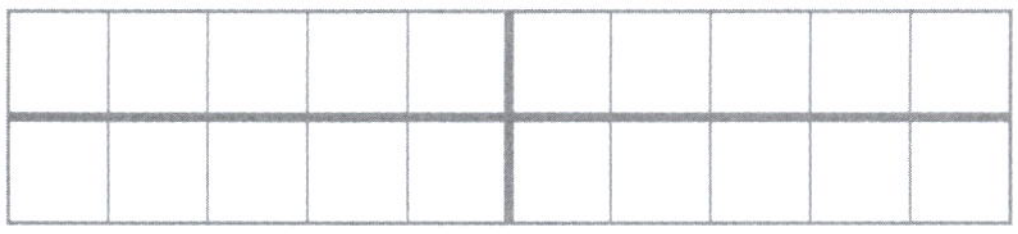

11 + 8 = ___

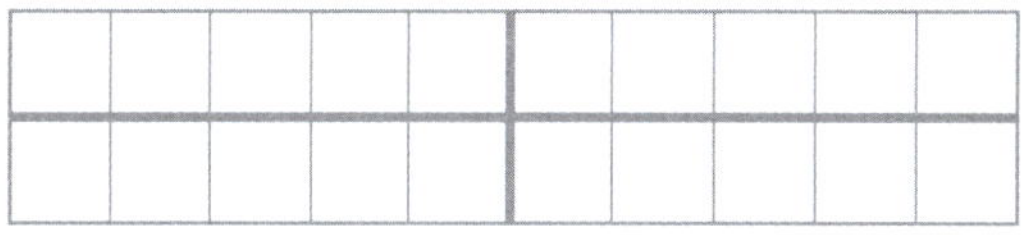

15 + 5 = ___

3

11 + 1 = ___
11 + 2 = ___
11 + 3 = ___

12 + 4 = ___
12 + 5 = ___
12 + 6 = ___

11 + 7 = ___
11 + 8 = ___
11 + 9 = ___

13 + 2 = ___
15 + 2 = ___
17 + 2 = ___

13 + 4 = ___
14 + 4 = ___
15 + 4 = ___

10 + 3 = ___
12 + 3 = ___
14 + 3 = ___

14 + 0 = ___
15 + 1 = ___
16 + 2 = ___

14 + 6 = ___
13 + 7 = ___
12 + 8 = ___

19 + 0 = ___
18 + 1 = ___
17 + 2 = ___

1

7 – 3 = ____

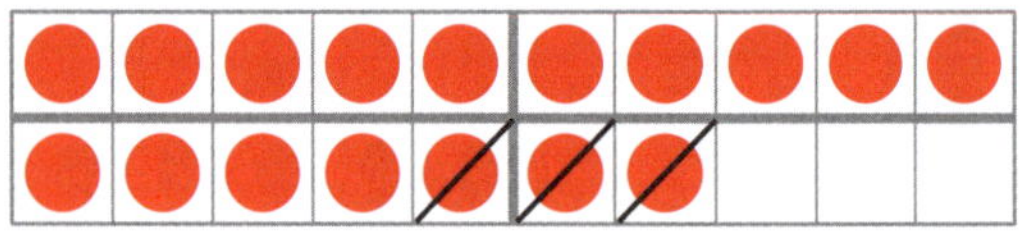

17 – 3 = ____

____ – ____ = ____

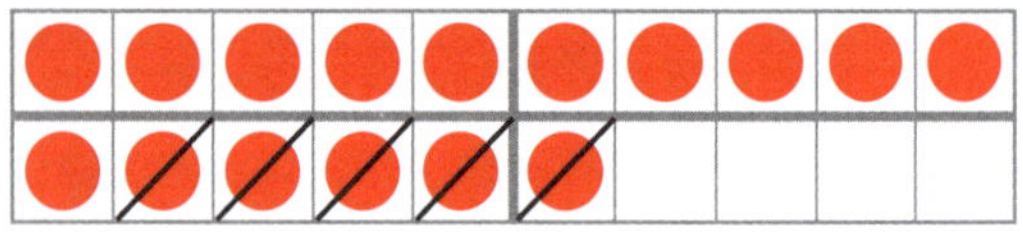

____ – ____ = ____

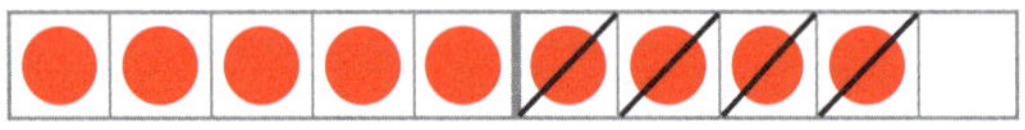

____ – ____ = ____

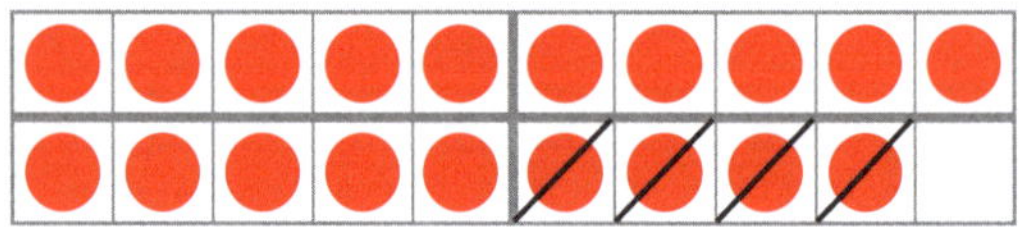

____ – ____ = ____

2

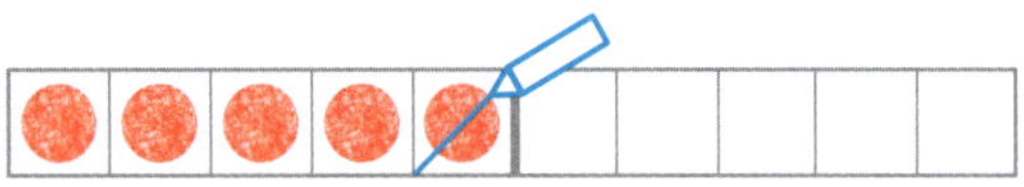

5 – 2 = ____

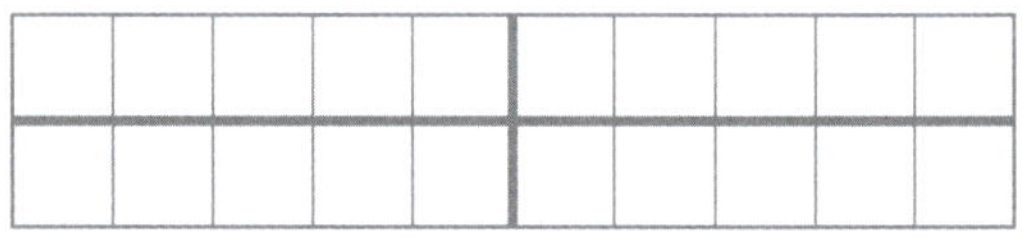

15 – 2 = ____

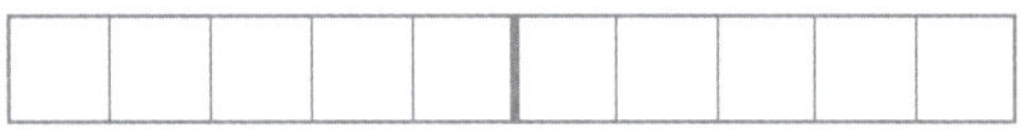

8 – 6 = ____

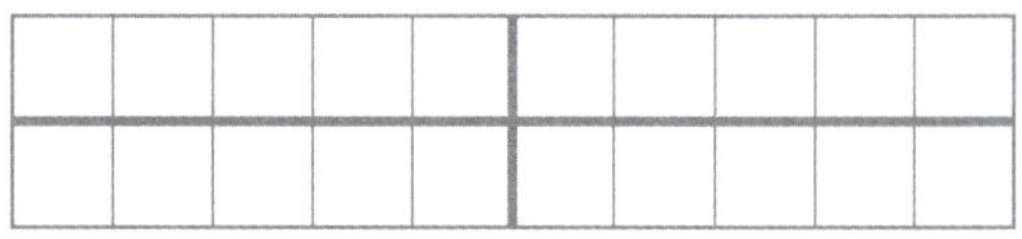

18 – 6 = ____

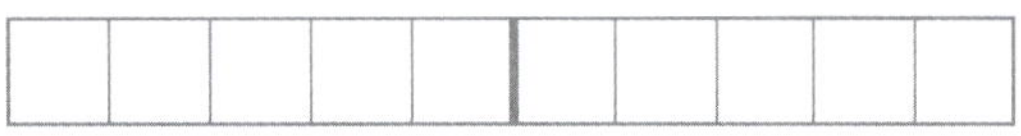

10 – 1 = ____

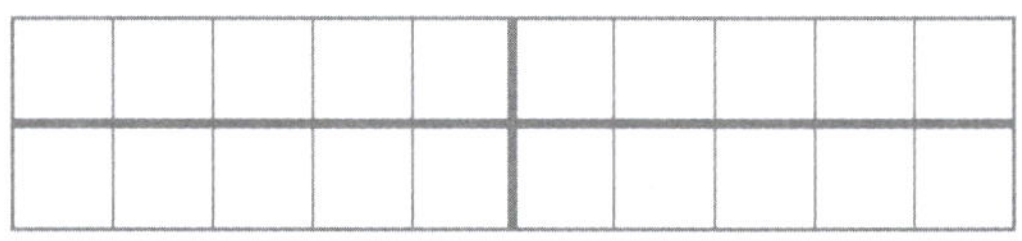

20 – 1 = ____

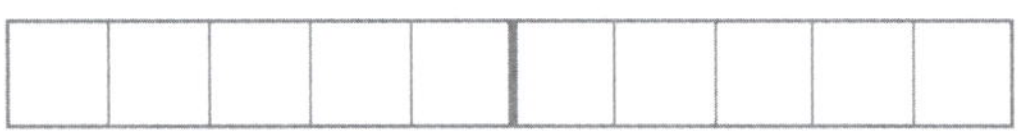

7 – 5 = ____

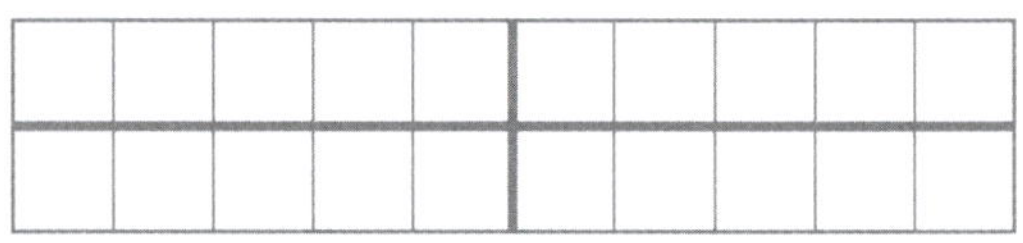

17 – 5 = ____

1

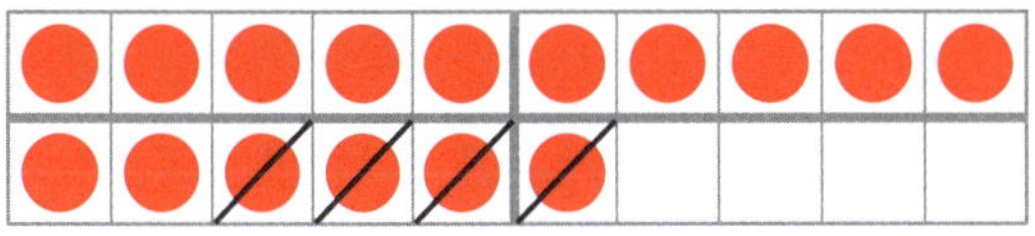

16 – 4 = ____

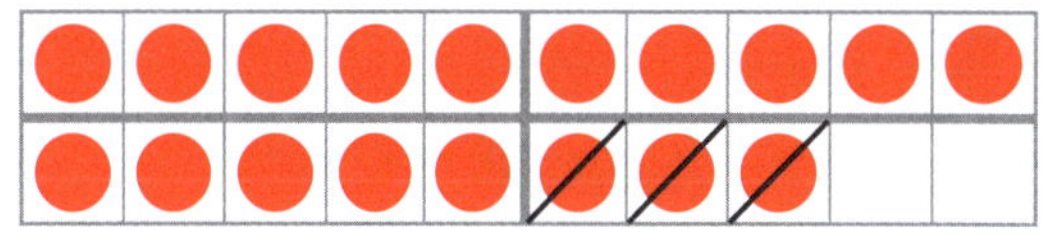

____ – ____ = ____

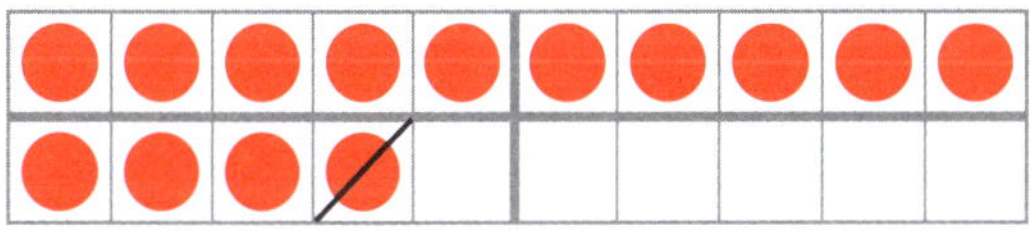

____ – ____ = ____

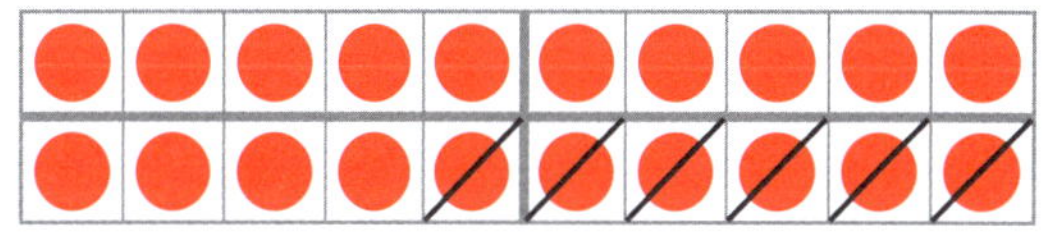

____ – ____ = ____

2

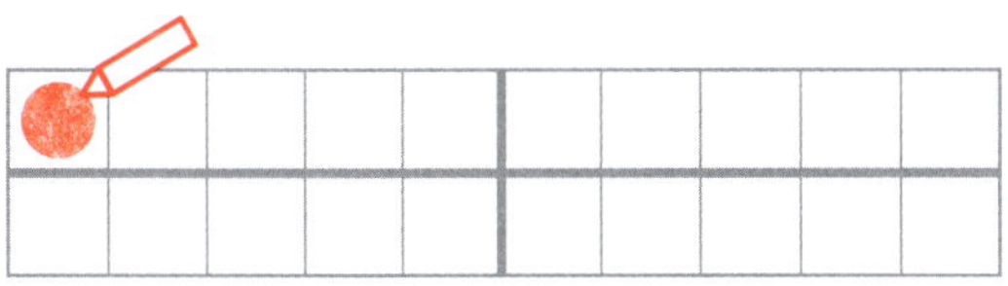

17 – 2 = ____

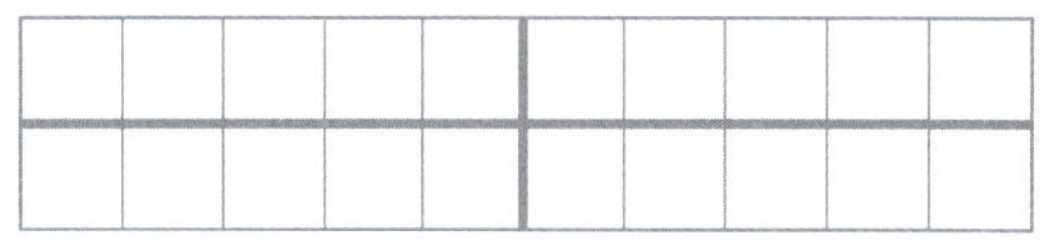

15 – 4 = ____

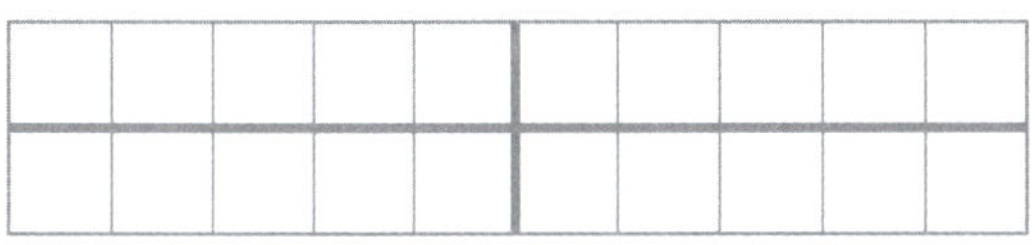

19 – 5 = ____

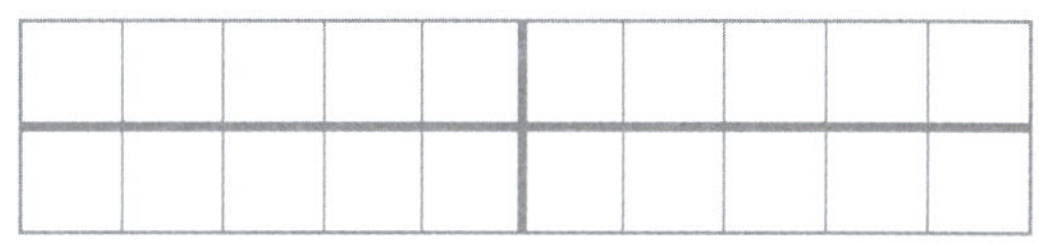

20 – 8 = ____

3

13 – 1 = ____
13 – 2 = ____
13 – 3 = ____

18 – 4 = ____
18 – 5 = ____
18 – 6 = ____

16 – 1 = ____
16 – 3 = ____
16 – 5 = ____

15 – 2 = ____
17 – 2 = ____
19 – 2 = ____

17 – 7 = ____
18 – 7 = ____
19 – 7 = ____

14 – 4 = ____
15 – 4 = ____
16 – 4 = ____

14 – 0 = ____
15 – 1 = ____
16 – 2 = ____

20 – 5 = ____
20 – 7 = ____
20 – 9 = ____

19 – 4 = ____
19 – 6 = ____
19 – 8 = ____

Umkehraufgaben

○ **1**

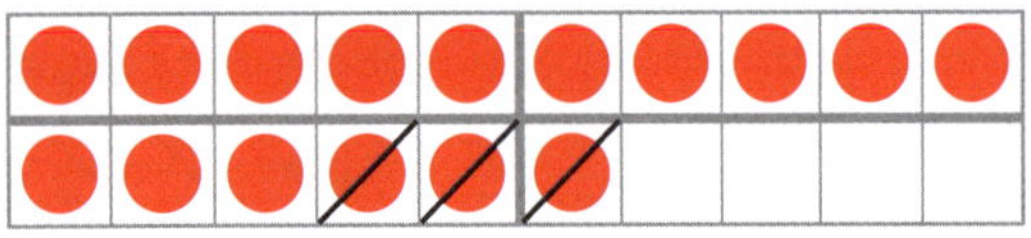

16 – 3 = ___

___ + 3 = ___

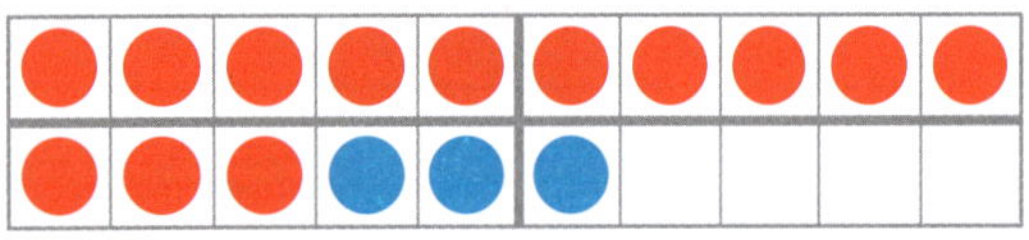

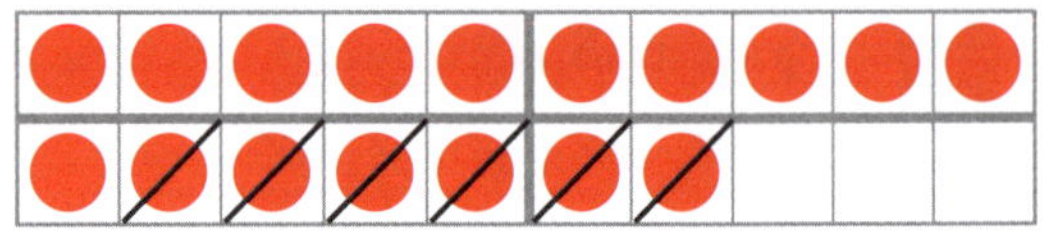

___ – ___ = ___

___ + ___ = ___

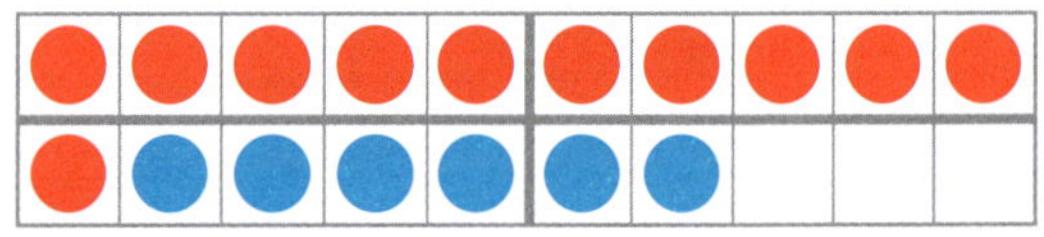

○ **2**

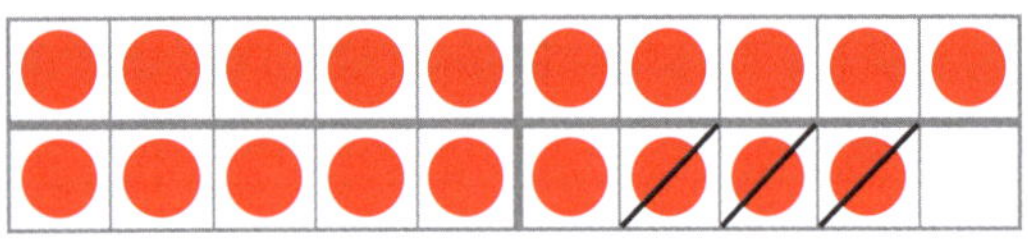

19 – ___ = ___

___ + ___ = ___

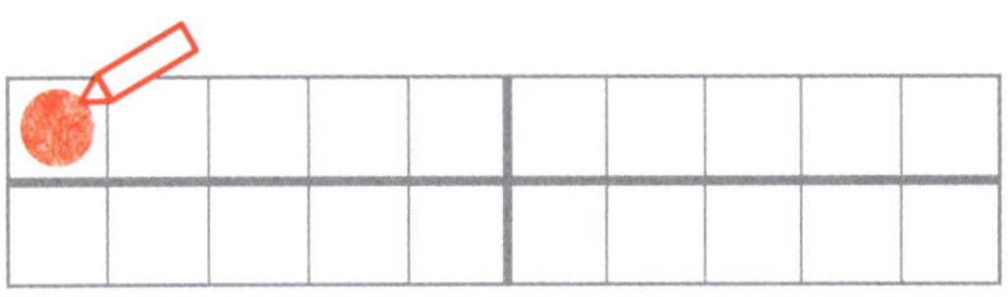

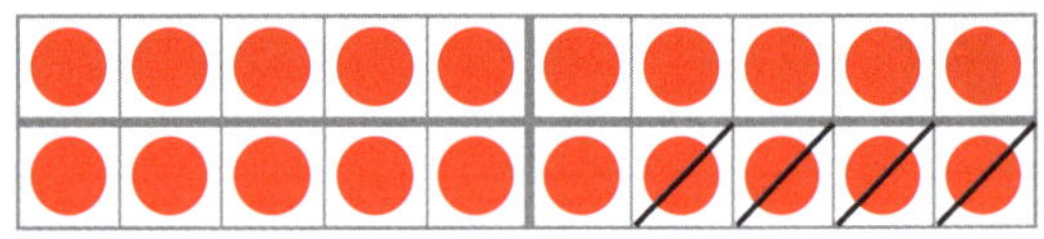

___ – ___ = ___

___ + ___ = ___

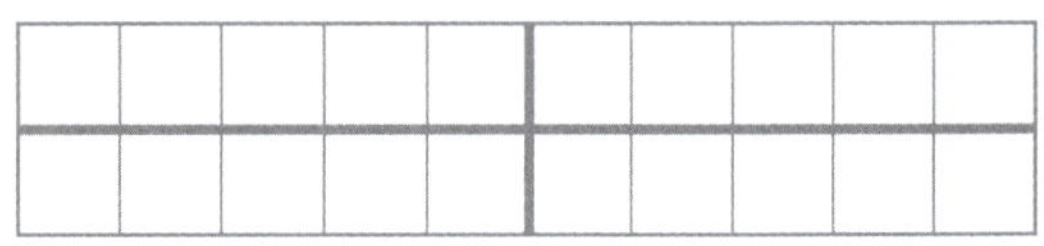

○ **3**

14 – 3 = 11	17 – 5 = ___	18 – 1 = ___
11 + ___ = ___	___ + ___ = ___	___ + ___ = ___
19 – 9 = ___	16 – 0 = ___	20 – 2 = ___
___ + ___ = ___	___ + ___ = ___	___ + ___ = ___
18 – 6 = ___	15 – 4 = ___	19 – 7 = ___
___ + ___ = ___	___ + ___ = ___	___ + ___ = ___

Wiederholung

1

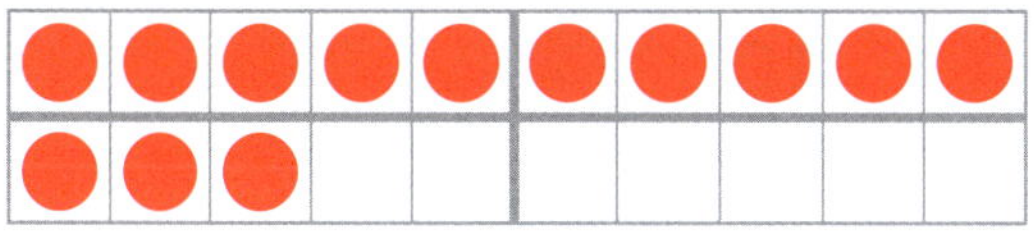

13

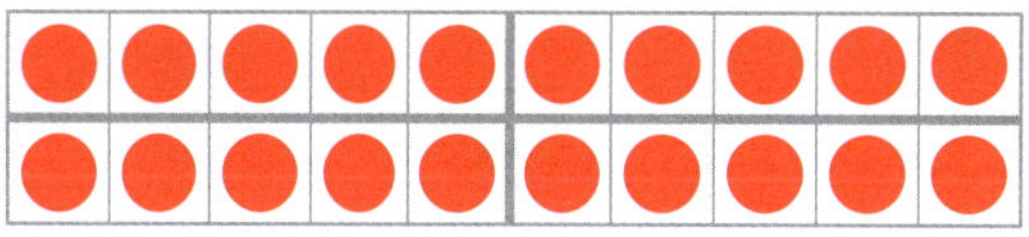

____

2

12 = 10 + 2	15 = 10 + ____	17 = ____ + 7
14 = 10 + ____	11 = 10 + ____	13 = ____ + 3
19 = 10 + ____	18 = 10 + ____	16 = ____ + 6

3

10 · 11 · 12	__ · 15 · __	17 · __ · 19 · __
13 · 14 · __	18 · __ · 20	__ · 16 · __ · 18

4

4 $<$ 6	7 ◯ 9	10 ◯ 8	5 ◯ 15
14 ◯ 16	17 ◯ 19	15 ◯ 20	17 ◯ 17
8 ◯ 5	3 ◯ 1	12 ◯ 12	11 ◯ 9
18 ◯ 15	13 ◯ 11	19 ◯ 14	20 ◯ 18

5

13 + 2 = 15	11 + 3 = ____	12 + 6 = ____
13 + 4 = ____	14 + 3 = ____	18 + 0 = ____
13 + 6 = ____	17 + 3 = ____	15 + 4 = ____
16 − 1 = ____	15 − 4 = ____	12 − 0 = ____
16 − 3 = ____	17 − 4 = ____	18 − 7 = ____
16 − 5 = ____	19 − 4 = ____	20 − 8 = ____

Wie erfolgreich hast du gearbeitet?
Male den passenden Raben aus.

Plus: Rund um die 10

○ **1**

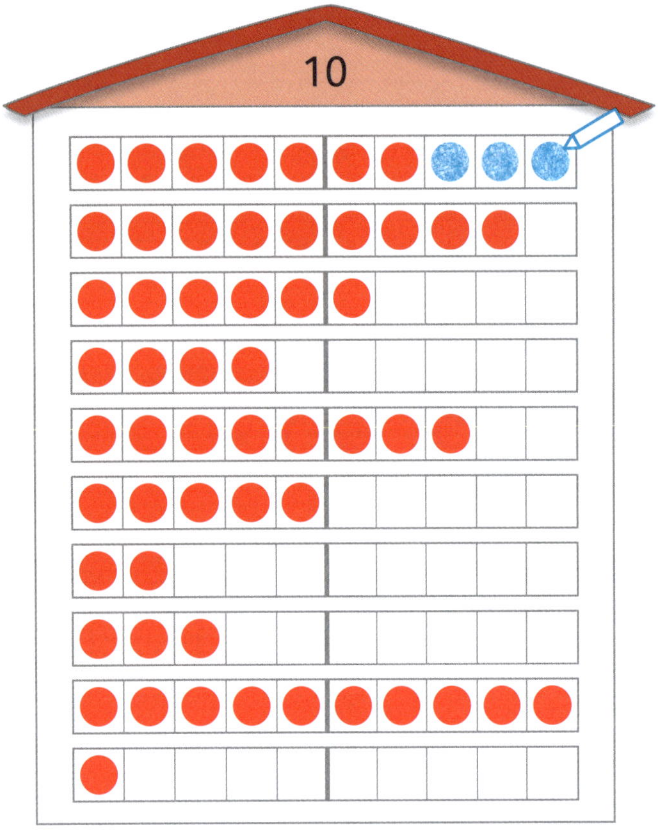

10	
● (rot)	● (blau)
7 + 3	
___ + ___	
___ + ___	
___ + ___	
___ + ___	
___ + ___	
___ + ___	
___ + ___	
___ + ___	
___ + ___	

○ **2**

10 + 1 = 11	10 + 4 = ___	10 + 9 = ___
10 + 5 = ___	10 + 7 = ___	10 + 3 = ___
10 + 2 = ___	10 + 6 = ___	10 + 8 = ___

○ **3**

9 + 1 = 10	8 + ___ = 10	3 + ___ = 10
5 + ___ = 10	4 + ___ = 10	6 + ___ = 10
7 + ___ = 10	2 + ___ = 10	1 + ___ = 10

○ **4**

5 = 2 + 3	8 = 6 + ___	7 = 3 + ___
7 = 5 + ___	6 = 3 + ___	6 = 1 + ___
9 = 3 + ___	5 = 1 + ___	9 = 7 + ___

○ **1**

9 + 2

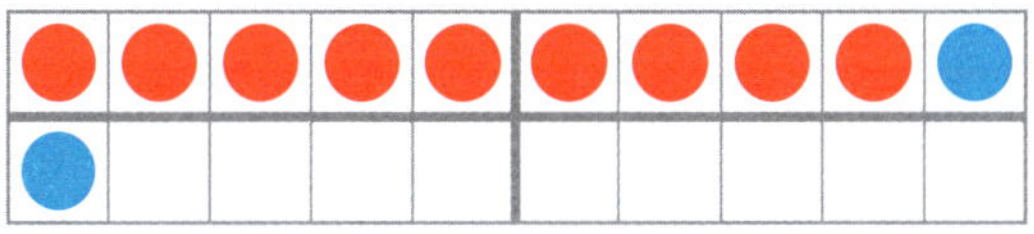

9 + 2 = ___

9 + 1 + 1

8 + 3

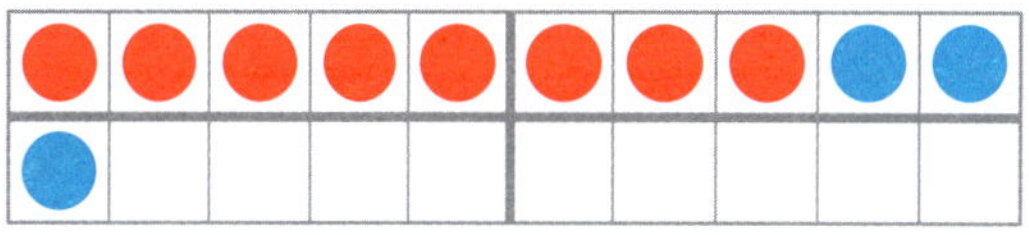

8 + 3 = ___

8 + 2 + 1

7 + 4

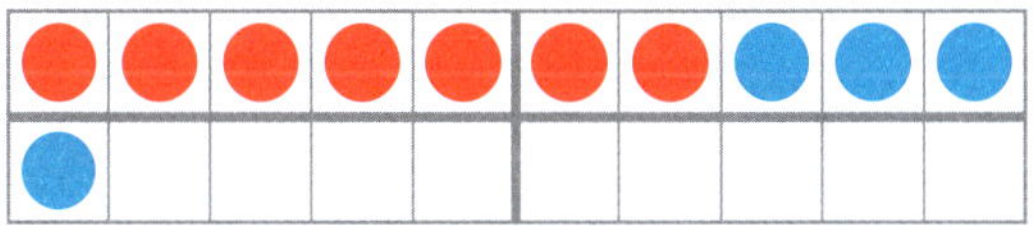

7 + 4 = ___

7 + ☐ + ☐

6 + 5

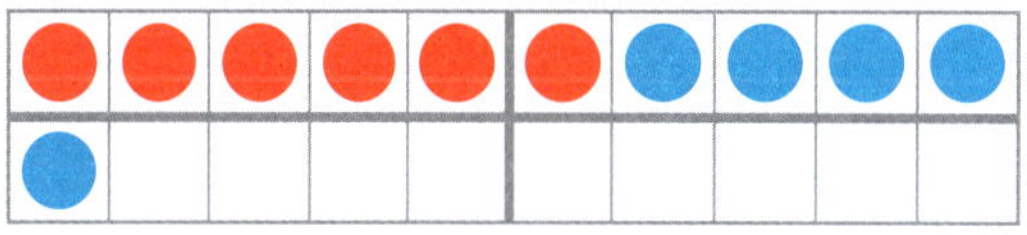

6 + 5 = ___

☐ + ☐ + ☐

○ **2**

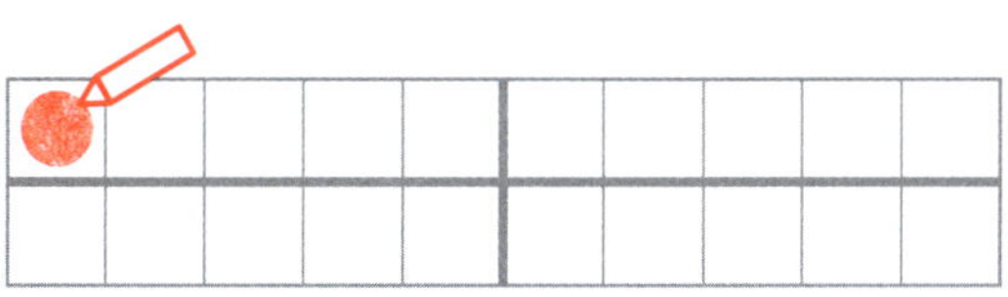

9 + 3 = ___

☐ + ☐ + ☐

8 + 4 = ___

☐ + ☐ + ☐

7 + 5 = ___

☐ + ☐ + ☐

6 + 6 = ___

☐ + ☐ + ☐

Plus: Über die 10

○ **1** Lege und rechne.

9 + 4

9 + 4 = ___

9 + ☐ + ☐

9 + 5

☐ + ☐ = ___

☐ + ☐ + ☐

9 + 6

☐ + ☐ = ___

☐ + ☐ + ☐

8 + 5

☐ + ☐ = ___

☐ + ☐ + ☐

8 + 6

☐ + ☐ = ___

☐ + ☐ + ☐

8 + 7

☐ + ☐ = ___

☐ + ☐ + ☐

7 + 6

☐ + ☐ = ___

☐ + ☐ + ☐

7 + 7

☐ + ☐ = ___

☐ + ☐ + ☐

7 + 8

☐ + ☐ = ___

☐ + ☐ + ☐

6 + 7

☐ + ☐ = ___

☐ + ☐ + ☐

6 + 8

☐ + ☐ = ___

☐ + ☐ + ☐

9 + 9

☐ + ☐ = ___

☐ + ☐ + ☐

1

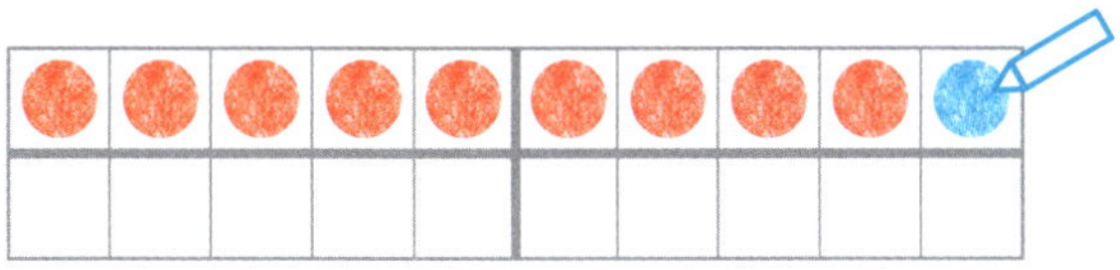

9 + 7 = ____

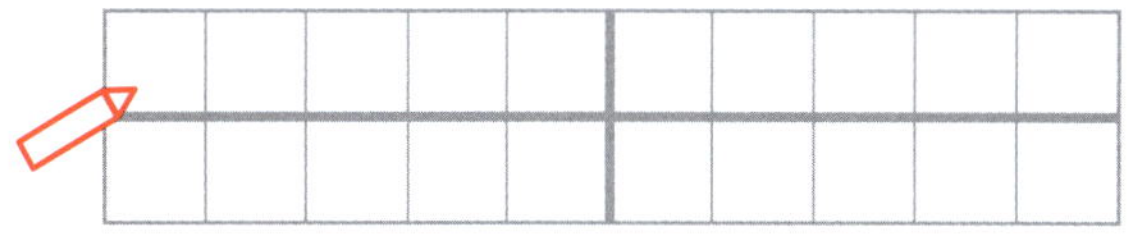

9 + 8 = ____

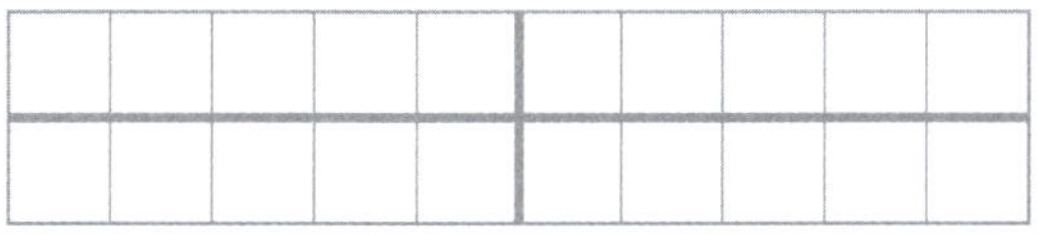

3 + 8 = ____

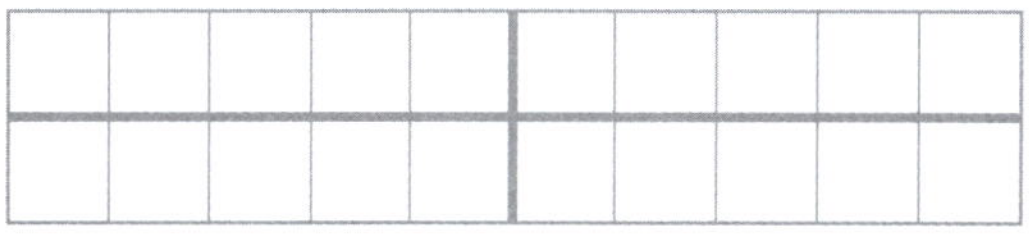

4 + 8 = ____

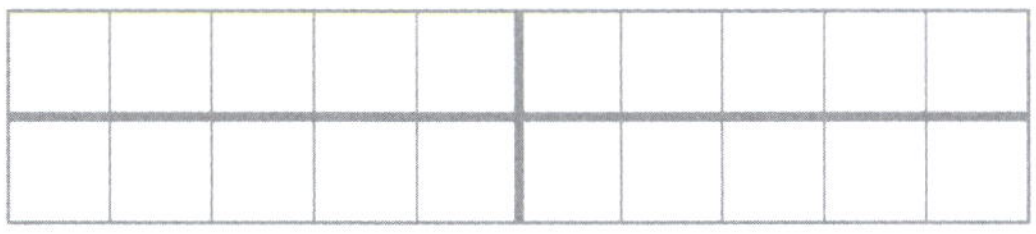

5 + 7 = ____

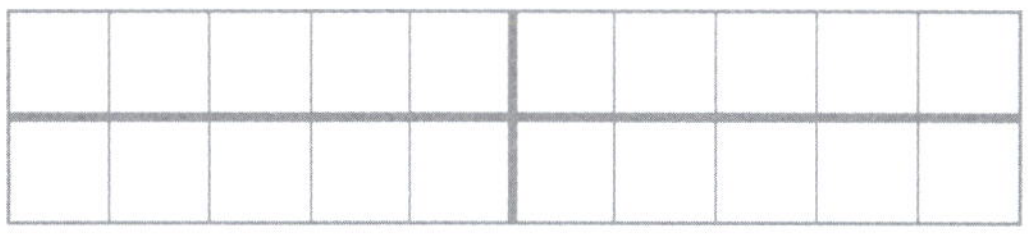

5 + 9 = ____

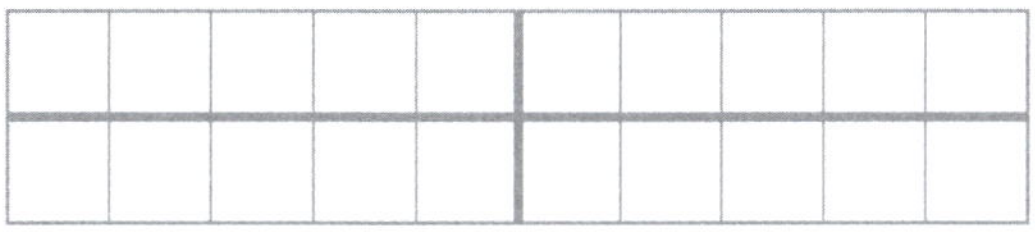

2 + 9 = ____

2

9 + 1 = ____
9 + 2 = ____
9 + 3 = ____
9 + 4 = ____

8 + 2 = ____
8 + 3 = ____
8 + 4 = ____
8 + 5 = ____

7 + 3 = ____
7 + 4 = ____
7 + 5 = ____
7 + 6 = ____

6 + 5 = ____
6 + 6 = ____
7 + 7 = ____
7 + 8 = ____

9 + 5 = ____
8 + 6 = ____
9 + 6 = ____
8 + 7 = ____

9 + 7 = ____
8 + 8 = ____
9 + 8 = ____
9 + 9 = ____

Plusaufgaben üben

○ **1**

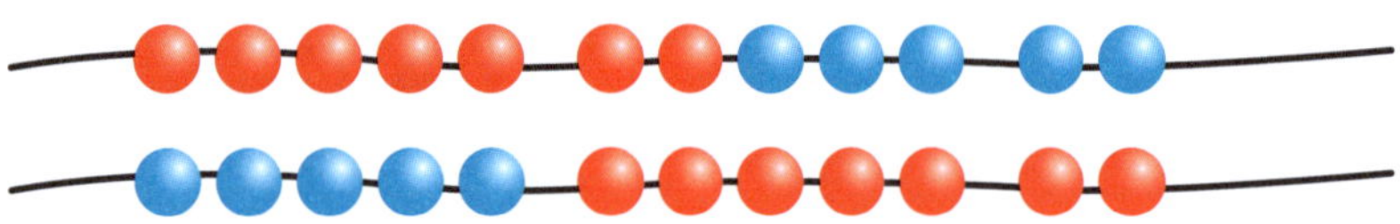

7 + 5 = ___

5 + ___ = ___

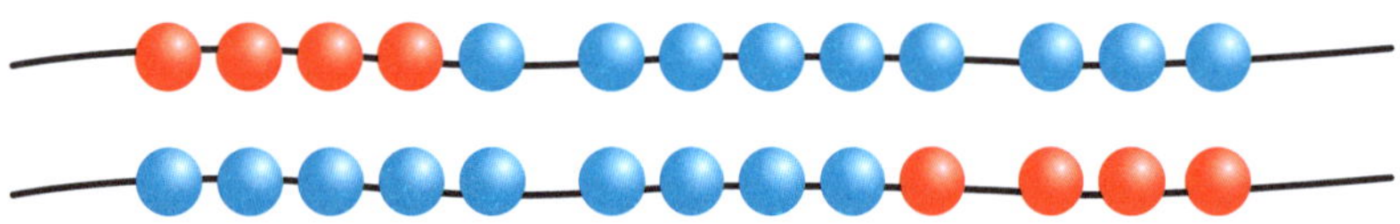

___ + ___ = ___

___ + ___ = ___

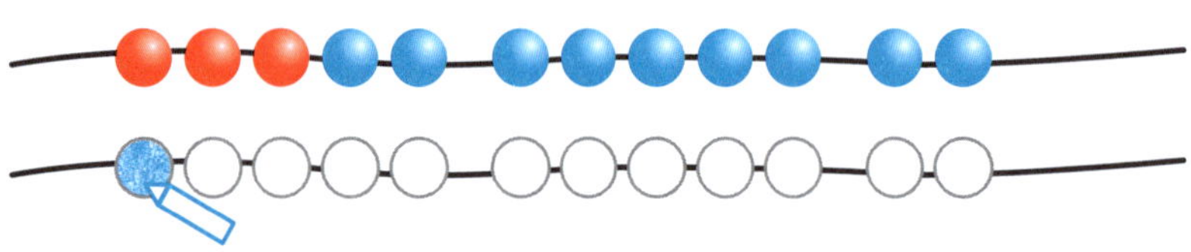

___ + ___ = ___

___ + ___ = ___

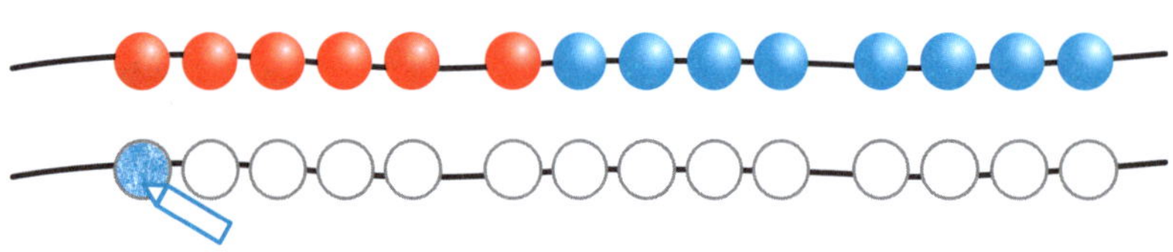

___ + ___ = ___

___ + ___ = ___

○ **2**

8 + 5 = ___
5 + 8 = ___

7 + 4 = ___
4 + 7 = ___

9 + 6 = ___
6 + 9 = ___

5 + 9 = ___
9 + 5 = ___

3 + 8 = ___
8 + 3 = ___

6 + 7 = ___
7 + 6 = ___

7 + 8 = ___
8 + ___ = ___

5 + 6 = ___
___ + ___ = ___

3 + 9 = ___
___ + ___ = ___

2 + 9 = ___
___ + ___ = ___

4 + 8 = ___
___ + ___ = ___

5 + 7 = ___
___ + ___ = ___

○ **1**

2		
1	1	1

2	2	2

3	3	3

4	4	4

5	5	5

3	4	5

5	3	4

4	5	3

○ **2**

	4	
3	2	2

	9	
3	5	

7		
	4	6

5		
2		6

10		
3		2

7		
4		1

	9	
1		2

	8	
3		4

	10	
2		6

○ **1**

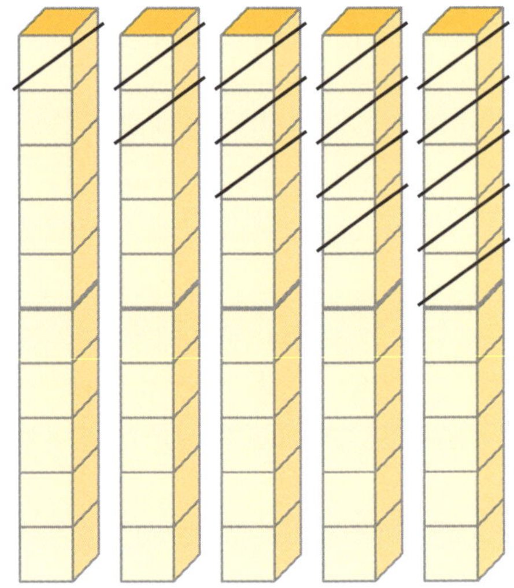

+	1	2	3	4	5
5	6				

−	1	2	3	4	5
10	9				

○ **2**

+	0	2	4	6	8
2	2				

−	0	2	4	6	8
9	9				

+	0	2	4	6	8
12					

−	0	2	4	6	8
19					

○ **3**

+	1	3	5	7
1				
11				
13				
12				

−	1	3	5	7
8				
18				
20				
19				

Minus: Rund um die 10

○ **1** Immer 10. Wie viele müssen jeweils weg?

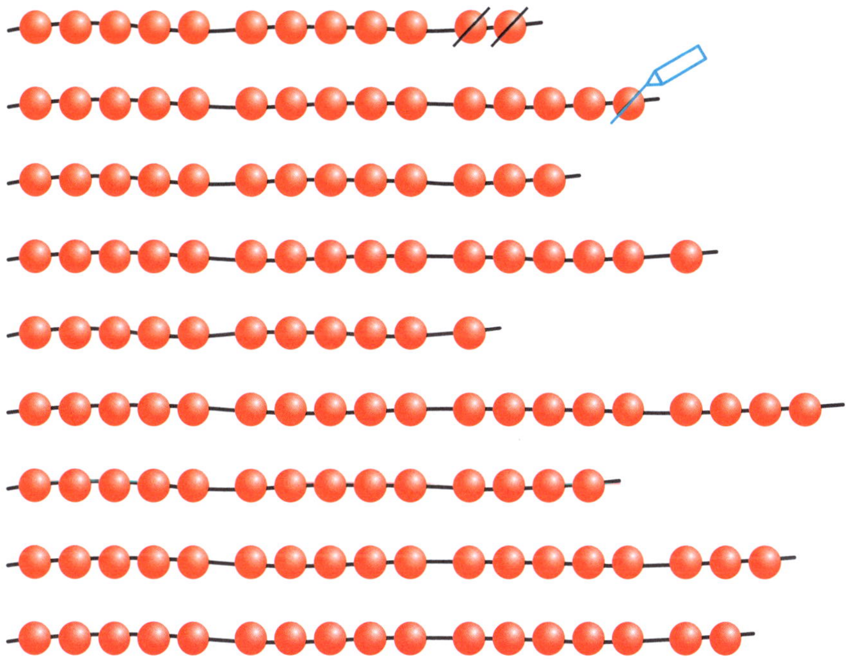

12 – 2 = 10
15 – ___ = 10
___ – ___ = 10
___ – ___ = 10
___ – ___ = 10
___ – ___ = 10
___ – ___ = 10
___ – ___ = 10
___ – ___ = 10

○ **2**

10 – 6 = 4
10 – 3 = ___
10 – 5 = ___

10 – 1 = ___
10 – 4 = ___
10 – 2 = ___

10 – 7 = ___
10 – 9 = ___
10 – 5 = ___

○ **3**

13 – 3 = 10
14 – ___ = 10
16 – ___ = 10

15 – ___ = 10
11 – ___ = 10
19 – ___ = 10

17 – ___ = 10
12 – ___ = 10
18 – ___ = 10

○ **4**

8 = 2 + ___
9 = 5 + ___
7 = 4 + ___
5 = 3 + ___
6 = 1 + ___

6 = 2 + ___
8 = 5 + ___
9 = 6 + ___
7 = 3 + ___
4 = 2 + ___

9 = 1 + ___
7 = 6 + ___
8 = 4 + ___
6 = 5 + ___
5 = 1 + ___

Minus: Über die 10

○ **1**

11 – 2

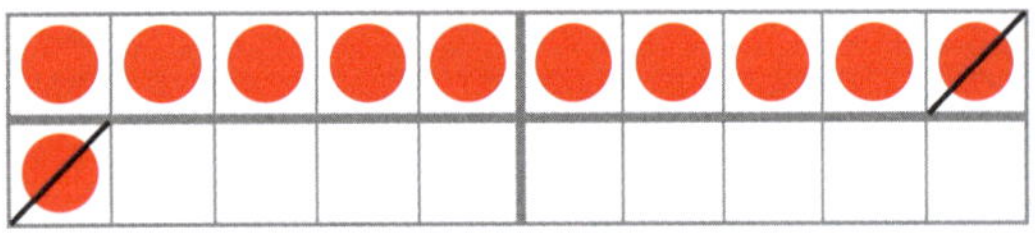

11 – 2 = ___

11 – 1 – 1

12 – 3

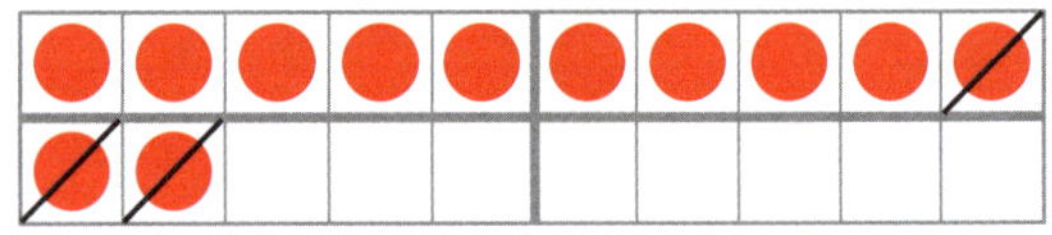

12 – 3 = ___

12 – 2 – 1

13 – 4

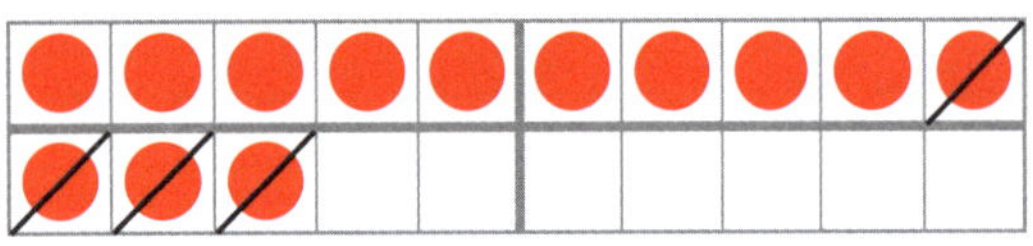

13 – 4 = ___

13 – ☐ – ☐

14 – 5

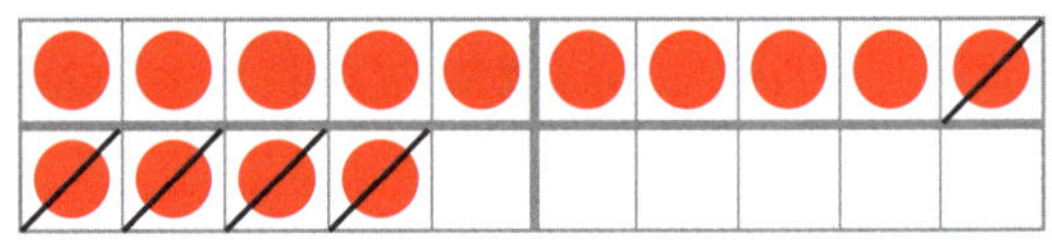

14 – 5 = ___

☐ – ☐ – ☐

○ **2**

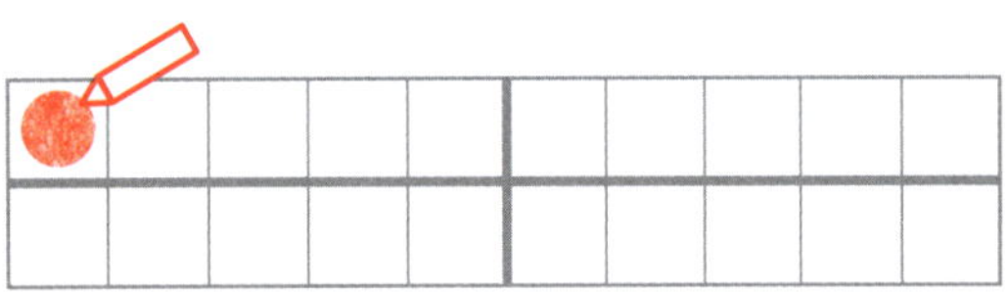

11 – 3 = ___

☐ – ☐ – ☐

12 – 4 = ___

☐ – ☐ – ☐

13 – 5 = ___

☐ – ☐ – ☐

14 – 6 = ___

☐ – ☐ – ☐

1 Lege und rechne.

11 – 4

11 – 4 = ___

11 – ___ – ___

11 – 5

___ – ___ = ___

___ – ___ – ___

11 – 6

___ – ___ = ___

___ – ___ – ___

12 – 5

___ – ___ = ___

___ – ___ – ___

12 – 6

___ – ___ = ___

___ – ___ – ___

12 – 7

___ – ___ = ___

___ – ___ – ___

13 – 6

___ – ___ = ___

___ – ___ – ___

13 – 7

___ – ___ = ___

___ – ___ – ___

13 – 8

___ – ___ = ___

___ – ___ – ___

14 – 7

___ – ___ = ___

___ – ___ – ___

14 – 8

___ – ___ = ___

___ – ___ – ___

14 – 9

___ – ___ = ___

___ – ___ – ___

Minus: Über die 10

○ **1** 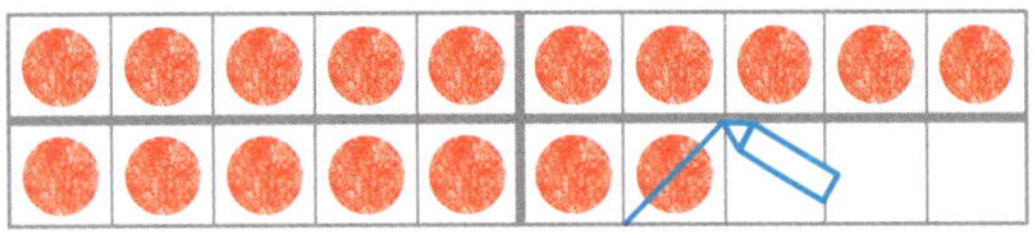

17 − 8 = ____

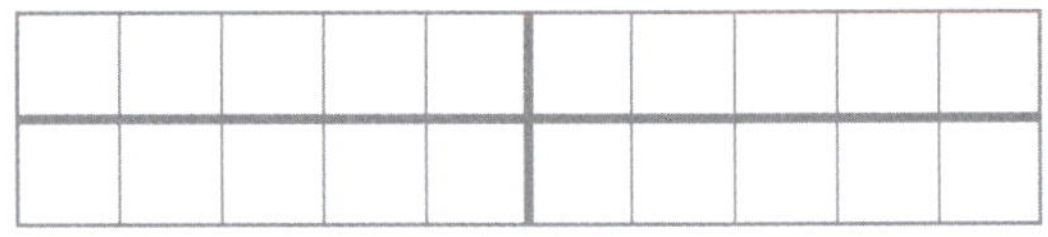

17 − 9 = ____

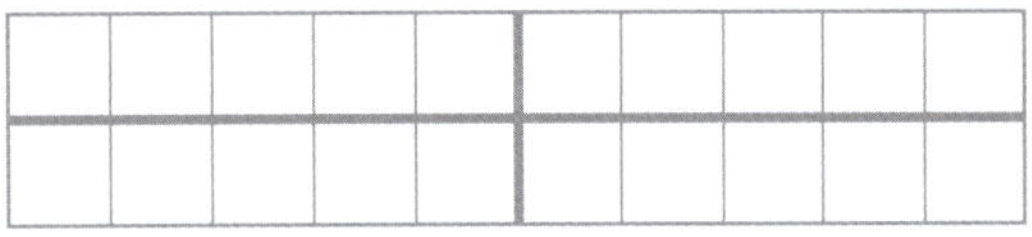

11 − 8 = ____

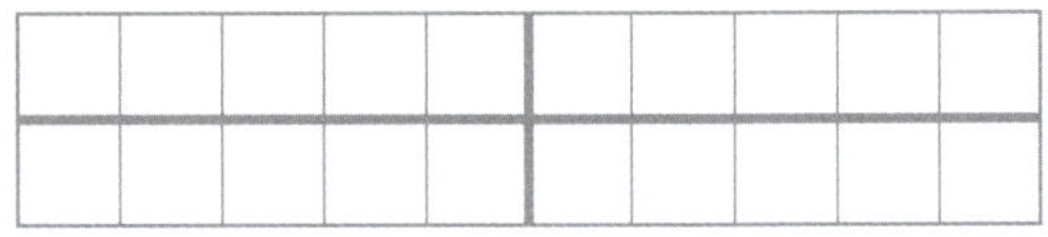

12 − 8 = ____

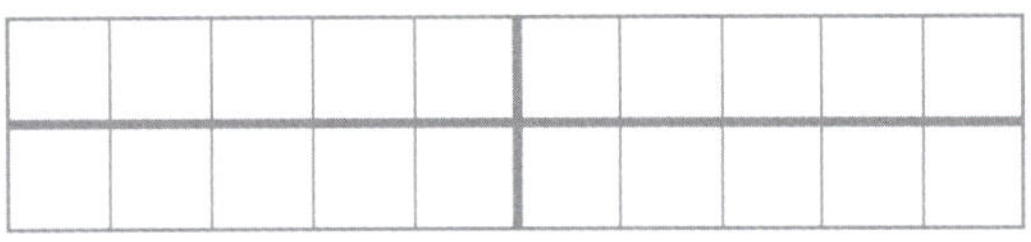

15 − 7 = ____

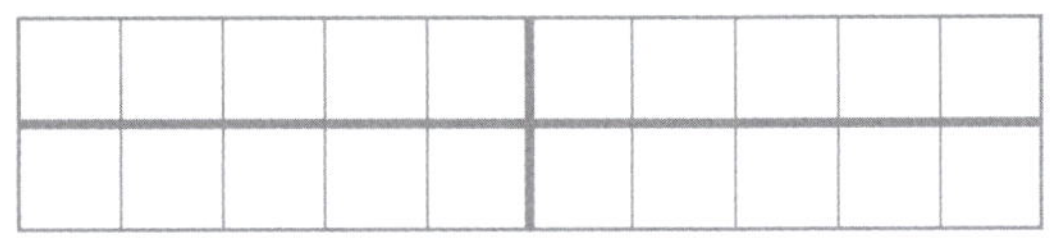

15 − 9 = ____

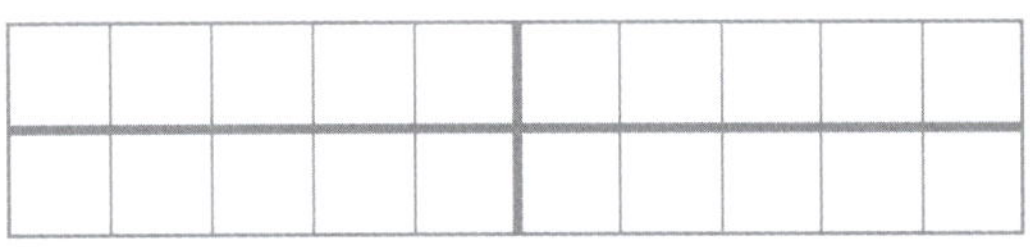

18 − 9 = ____

○ **2**

11 − 1 = ____
11 − 2 = ____
11 − 3 = ____
11 − 4 = ____

12 − 2 = ____
12 − 3 = ____
12 − 4 = ____
12 − 5 = ____

13 − 3 = ____
13 − 4 = ____
13 − 5 = ____
13 − 6 = ____

14 − 5 = ____
13 − 6 = ____
14 − 6 = ____
13 − 7 = ____

11 − 5 = ____
12 − 6 = ____
11 − 6 = ____
12 − 7 = ____

11 − 7 = ____
12 − 8 = ____
11 − 8 = ____
12 − 9 = ____

Minusaufgaben üben

○ **1**

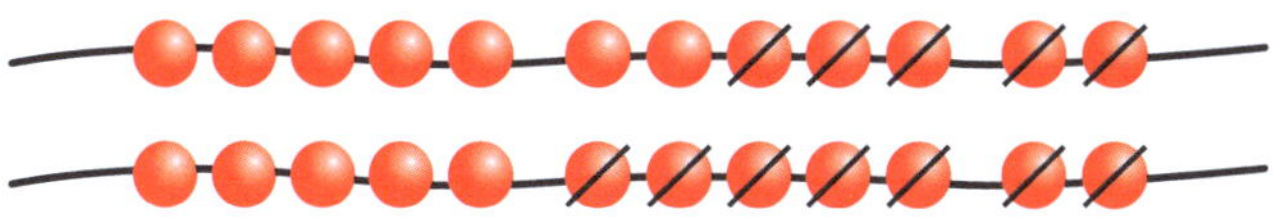

12 − 5 = ___
12 − ___ = ___

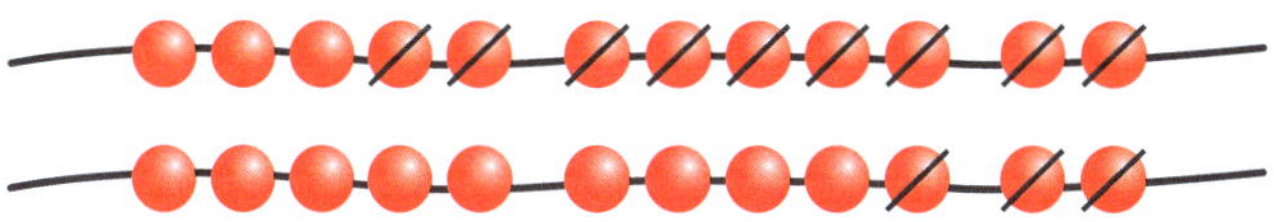

___ − ___ = ___
___ − ___ = ___

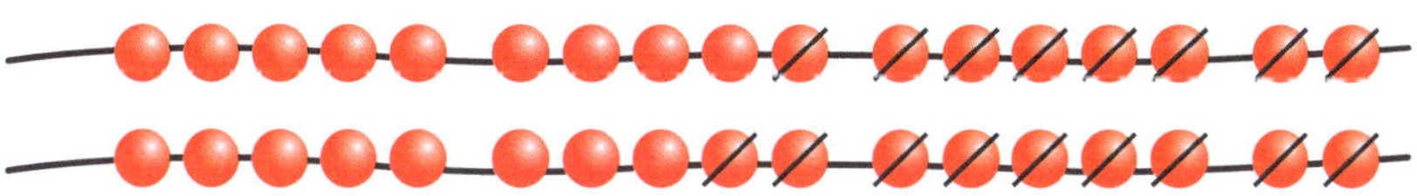

___ − ___ = ___
___ − ___ = ___

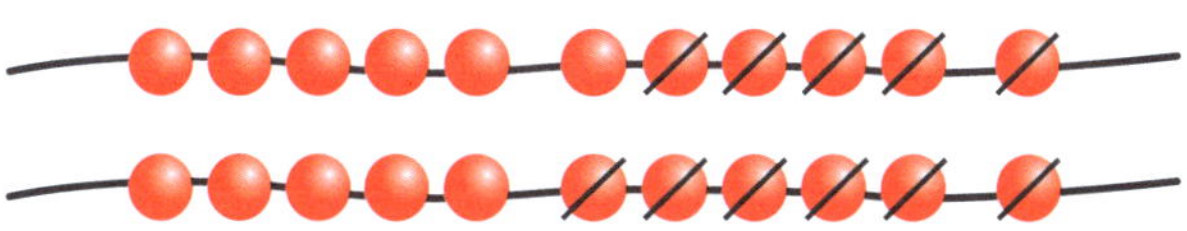

___ − ___ = ___
___ − ___ = ___

○ **2**

11 − 7 = ___
11 − 4 = ___

13 − 6 = ___
13 − 7 = ___

14 − 8 = ___
14 − 6 = ___

17 − 8 = ___
17 − 9 = ___

12 − 4 = ___
12 − 8 = ___

15 − 7 = ___
15 − 8 = ___

○ **3**

13 − 8 = 5
13 − 5 = ___

16 − 7 = ___
___ − ___ = ___

11 − 8 = ___
___ − ___ = ___

14 − 9 = ___
___ − ___ = ___

13 − 9 = ___
___ − ___ = ___

15 − 9 = ___
___ − ___ = ___

Aufgabenfamilien

○ **1**

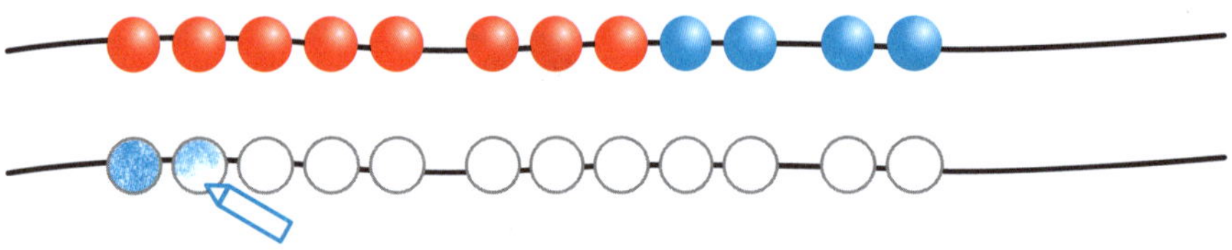

8 + ___ = ___

___ + ___ = ___

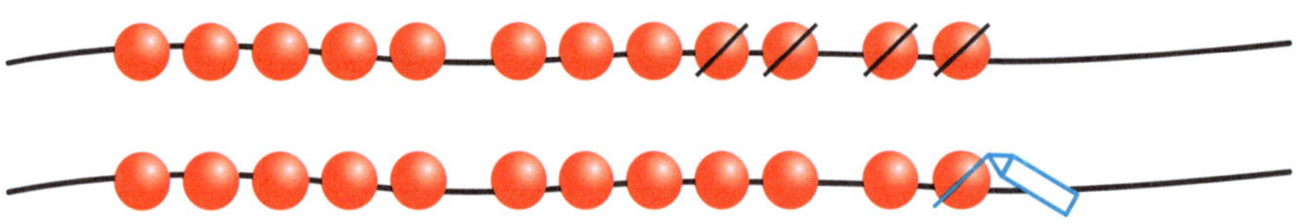

___ − ___ = ___

___ − ___ = ___

○ **2**

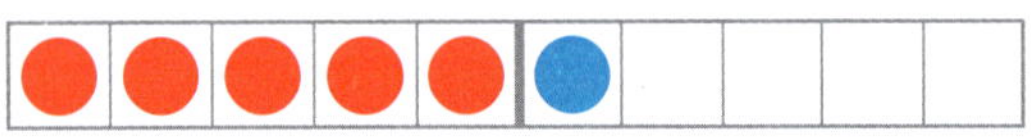

5 + 1 = ___

1 + ___ = ___

6 − 1 = ___

___ − ___ = ___

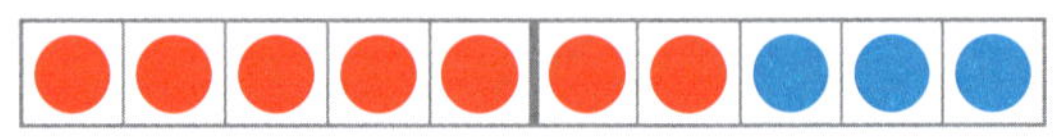

7 + 3 = ___

___ + ___ = ___

10 − ___ = ___

___ − ___ = ___

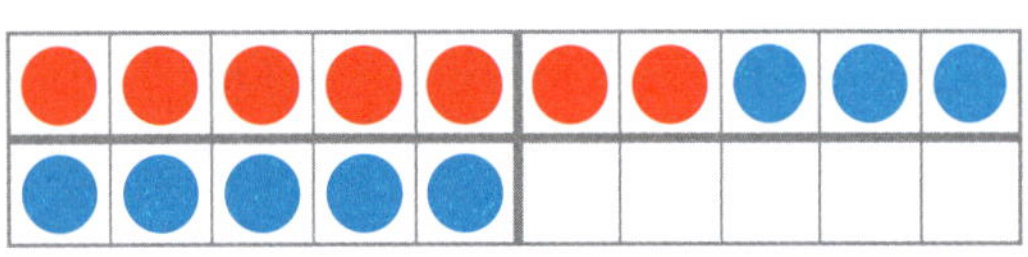

7 + 8 = ___

___ + ___ = ___

___ − ___ = ___

___ − ___ = ___

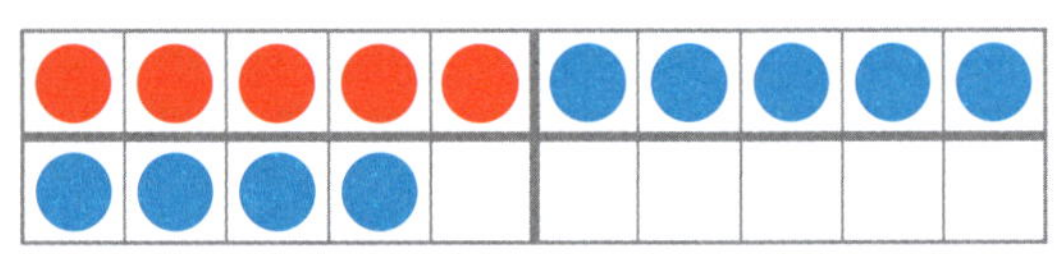

5 + ___ = ___

___ + ___ = ___

___ − ___ = ___

___ − ___ = ___

1

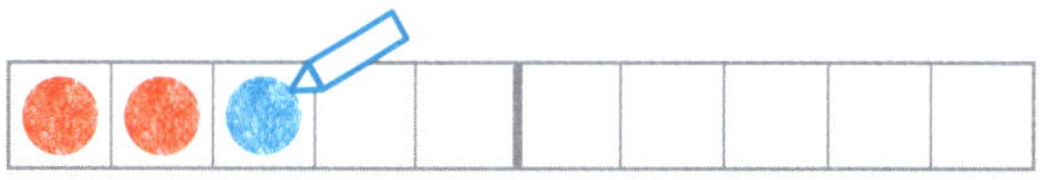

2 + 6 = ___

6 + 2 = ___

8 − 6 = ___

8 − 2 = ___

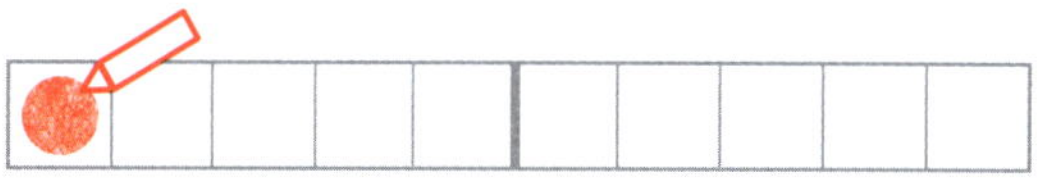

9 + 1 = ___

1 + ___ = ___

___ − 1 = ___

___ − 9 = ___

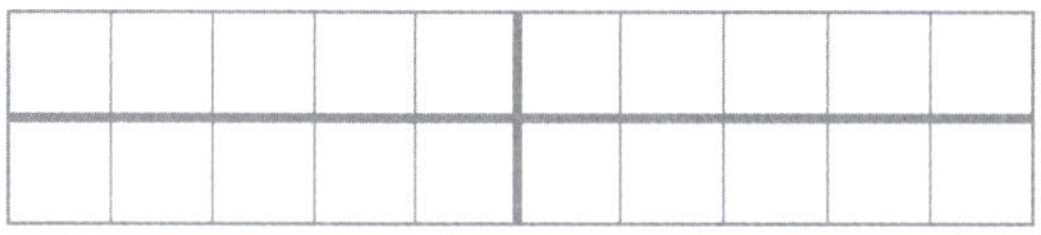

8 + 3 = ___

___ + ___ = ___

___ − 3 = ___

___ − ___ = ___

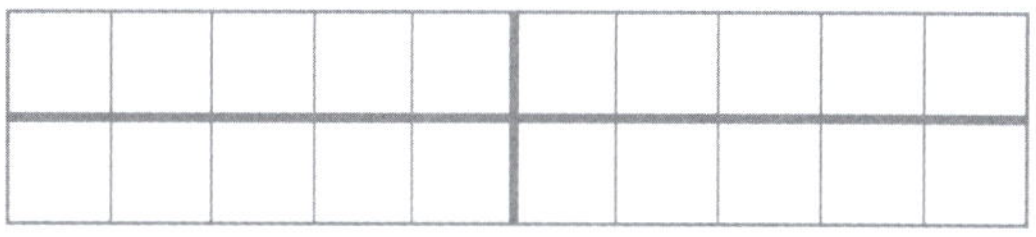

7 + 7 = ___

___ + ___ = ___

___ − ___ = ___

___ − ___ = ___

2

7
3 4

3 + 4 = ___

4 + 3 = ___

7 − 4 = ___

7 − 3 = ___

10
6 4

6 + ___ = ___

4 + ___ = ___

10 − ___ = ___

10 − ___ = ___

10
0 10

0 + ___ = ___

___ + ___ = ___

___ − ___ = ___

___ − ___ = ___

9
4 5

4 + 5 = ___

5 + 4 = ___

9 − 5 = ___

9 − 4 = ___

13
6 7

6 + ___ = ___

7 + ___ = ___

13 − ___ = ___

13 − ___ = ___

17
8 9

8 + ___ = ___

___ + ___ = ___

___ − ___ = ___

___ − ___ = ___

Verdoppeln

○ **1**

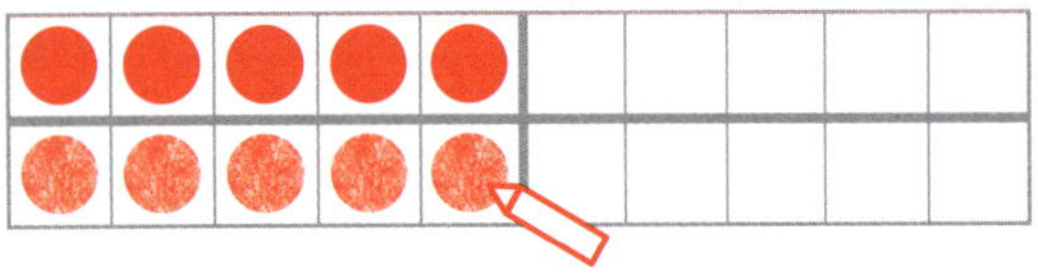

5 + 5 = ____

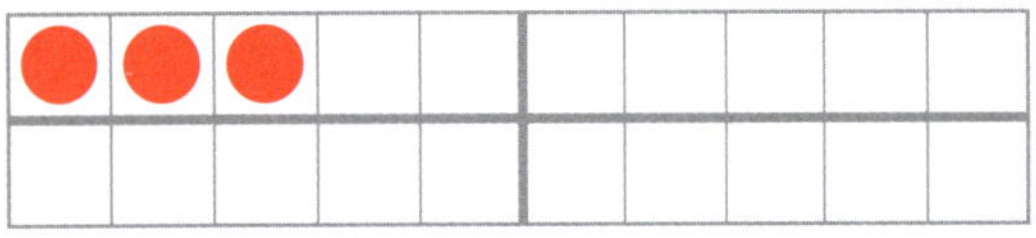

3 + ____ = ____

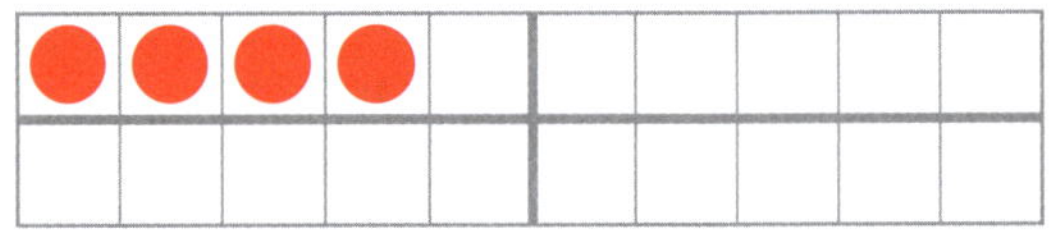

____ + ____ = ____

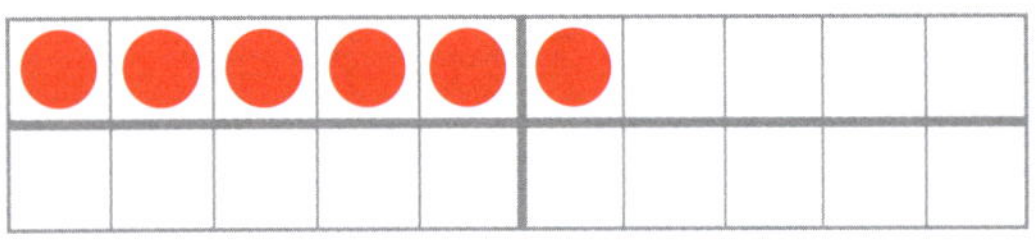

____ + ____ = ____

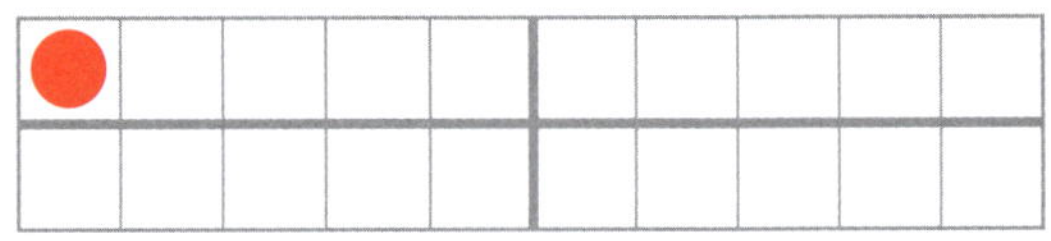

____ + ____ = ____

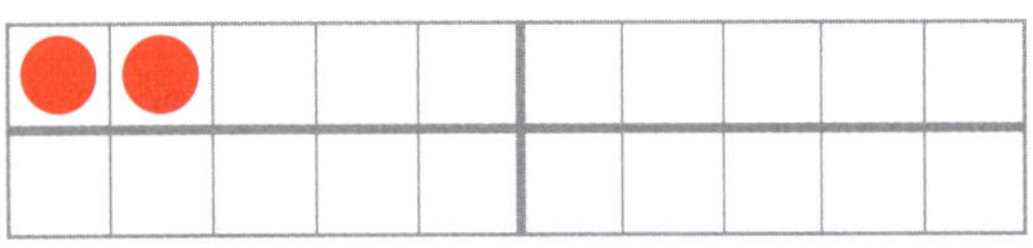

____ + ____ = ____

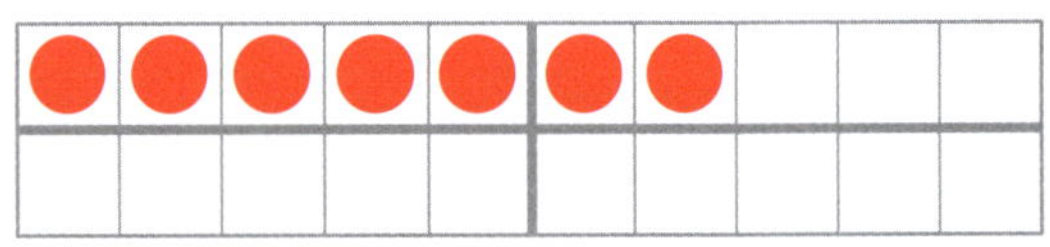

____ + ____ = ____

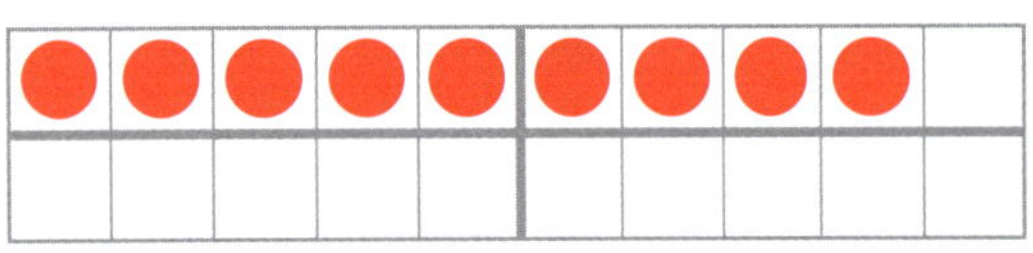

____ + ____ = ____

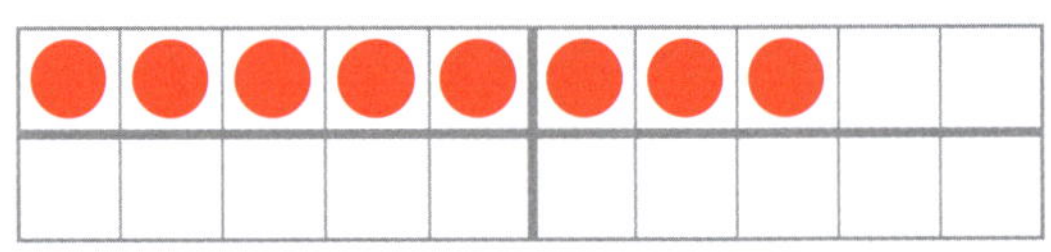

____ + ____ = ____

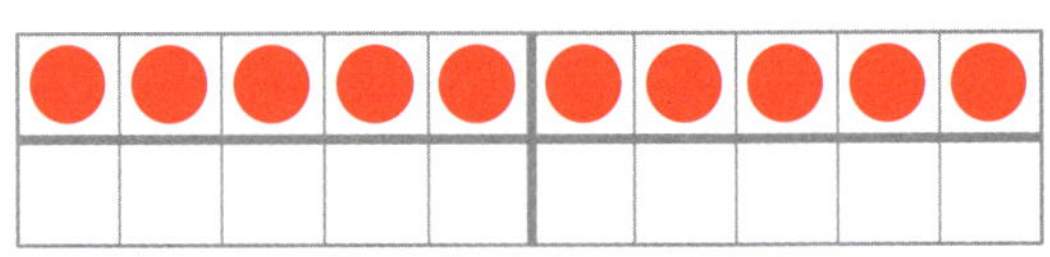

____ + ____ = ____

○ **2**

die Zahl	1	2	3	4	5	6	7	8	9	10
das Doppelte										

Halbieren

○ **1**

2 = 1 + ___

4 = ___ + ___

___ = ___ + ___

___ = ___ + ___

___ = ___ + ___

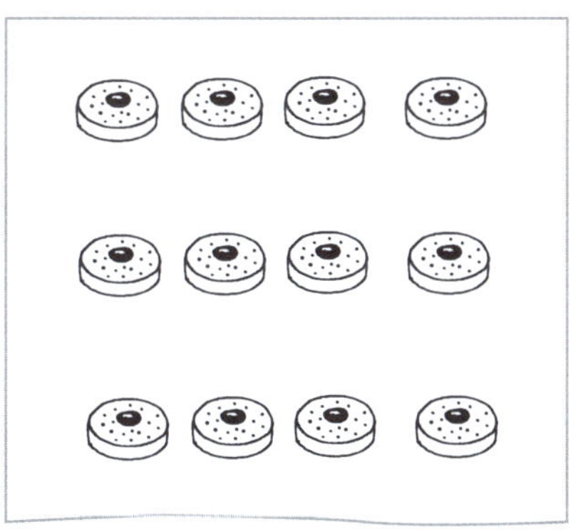

___ = ___ + ___

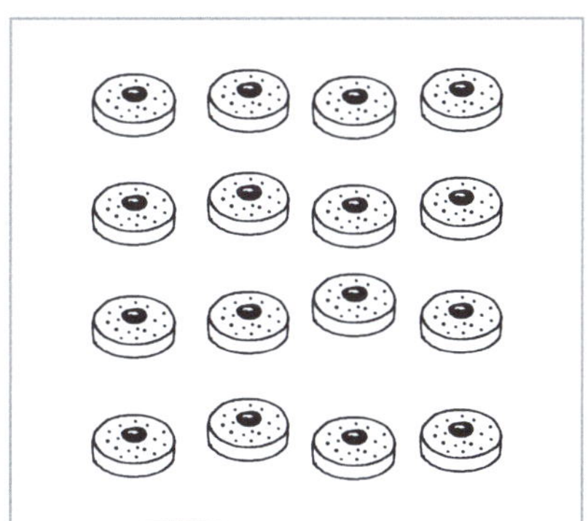

___ = ___ + ___

___ = ___ + ___

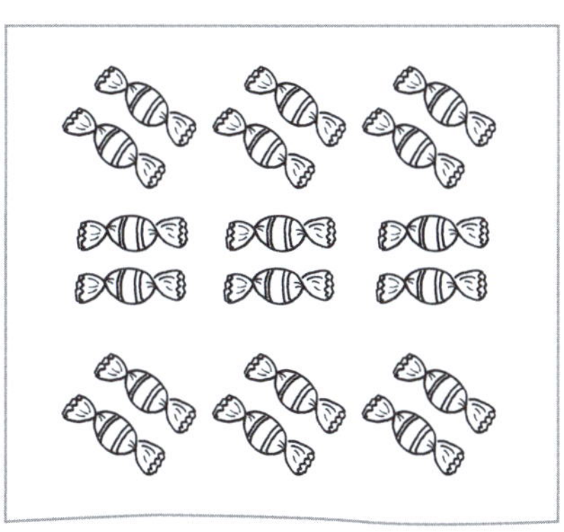

___ = ___ + ___

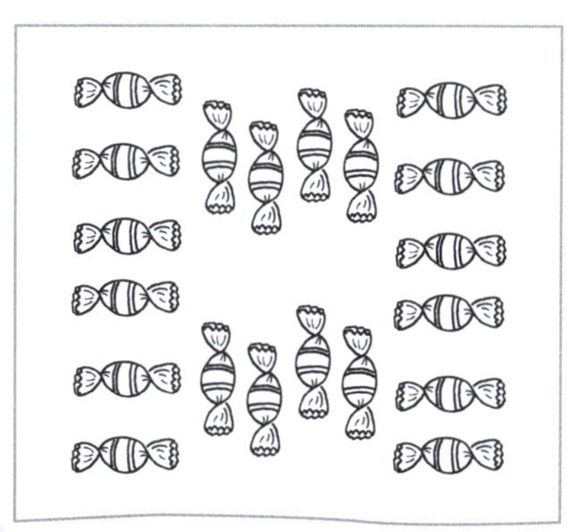

___ = ___ + ___

Wiederholung

○ **1**

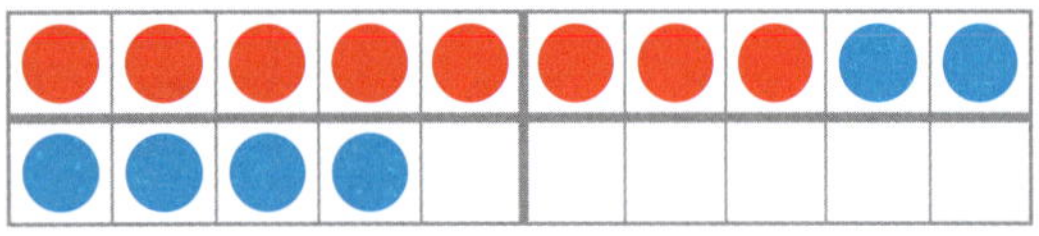

8 + ☐ = ___

☐ + ☐ + ☐

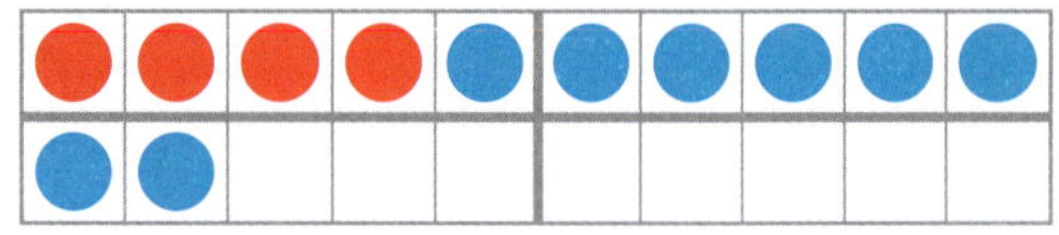

☐ + ☐ = ___

☐ + ☐ + ☐

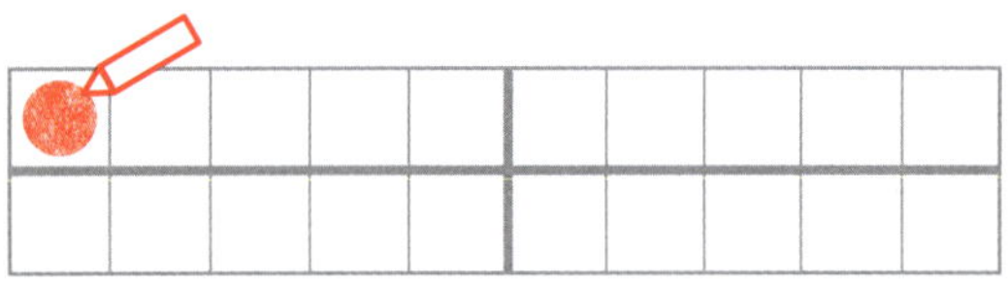

5 + 7 = ___

☐ + ☐ + ☐

2 + 9 = ___

☐ + ☐ + ☐

○ **2**

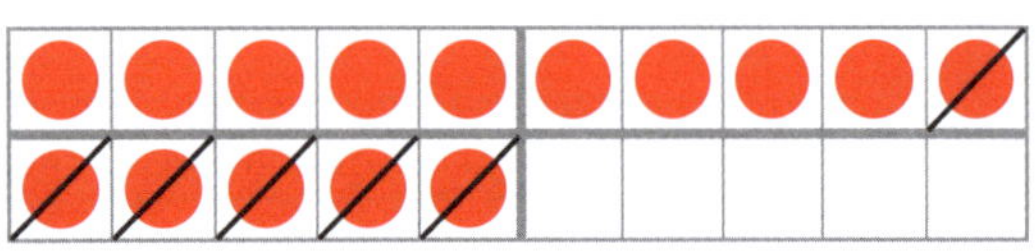

15 − ☐ = ___

☐ − ☐ − ☐

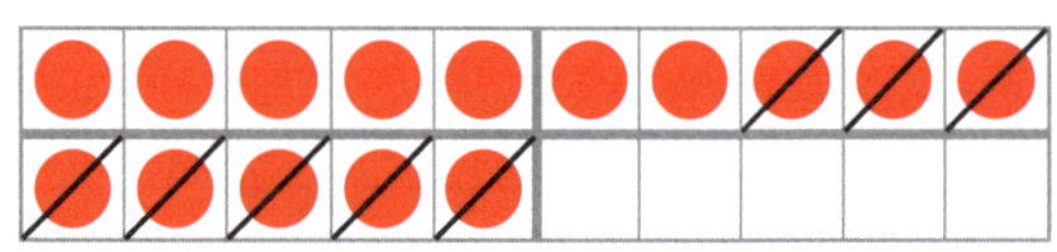

☐ − ☐ = ___

☐ − ☐ − ☐

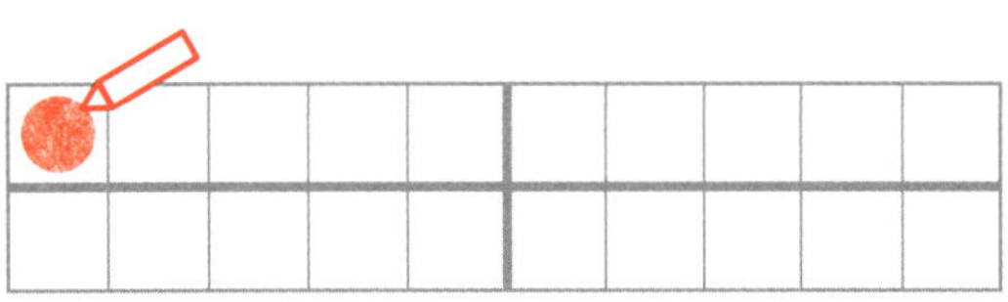

11 − 5 = ___

☐ − ☐ − ☐

12 − 8 = ___

☐ − ☐ − ☐

○ **3**

9 + 2 = ___ 7 + 5 = ___ 8 + 8 = ___

9 + 3 = ___ 6 + 5 = ___ 9 + 9 = ___

Wie erfolgreich hast du gearbeitet?
Male den passenden Raben aus.

1

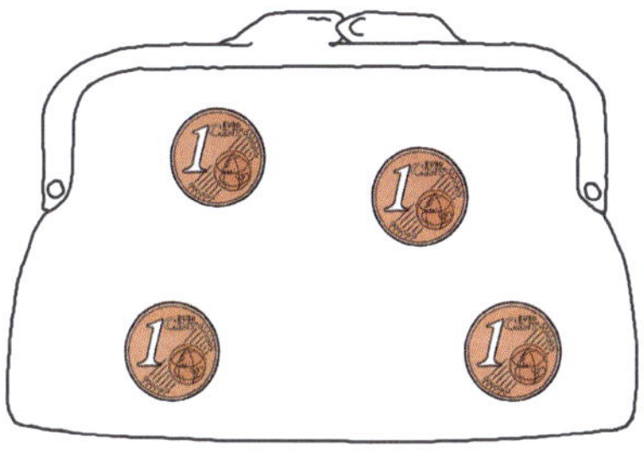
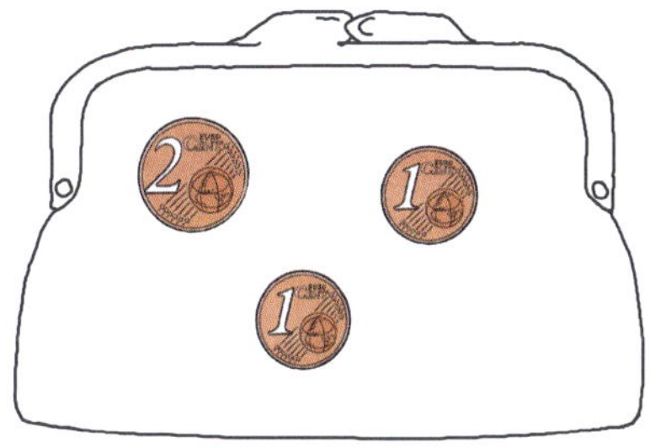
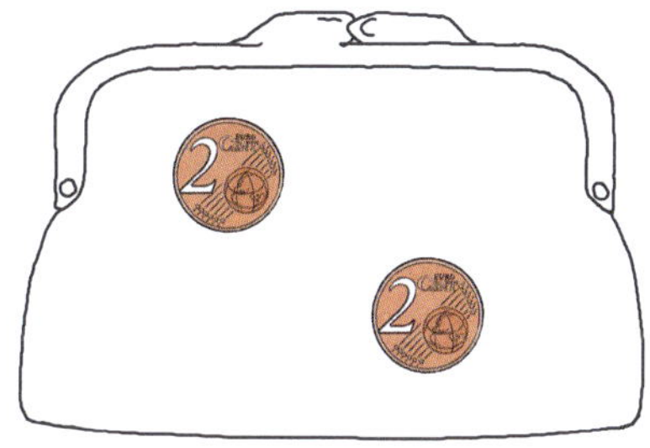

4 Cent ____ Cent ____ Cent

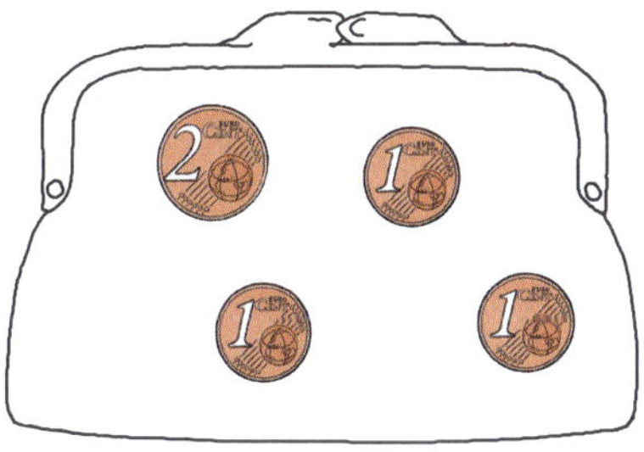
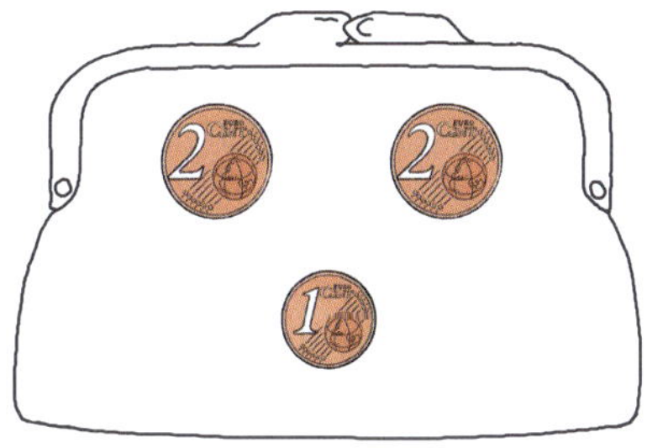
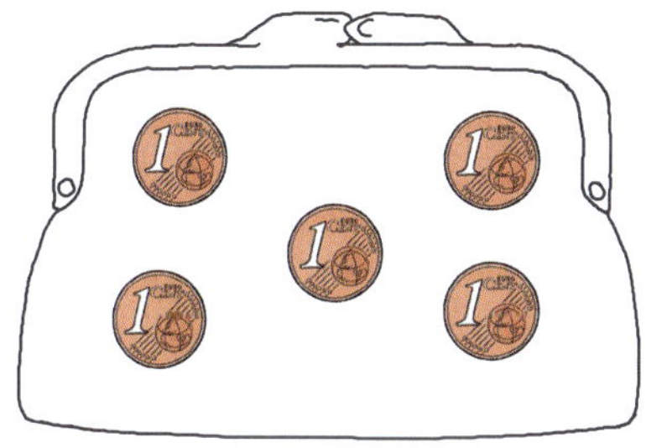

____ Cent ____ Cent ____ Cent

2 Immer 4 Cent.

3 Immer 5 Cent.

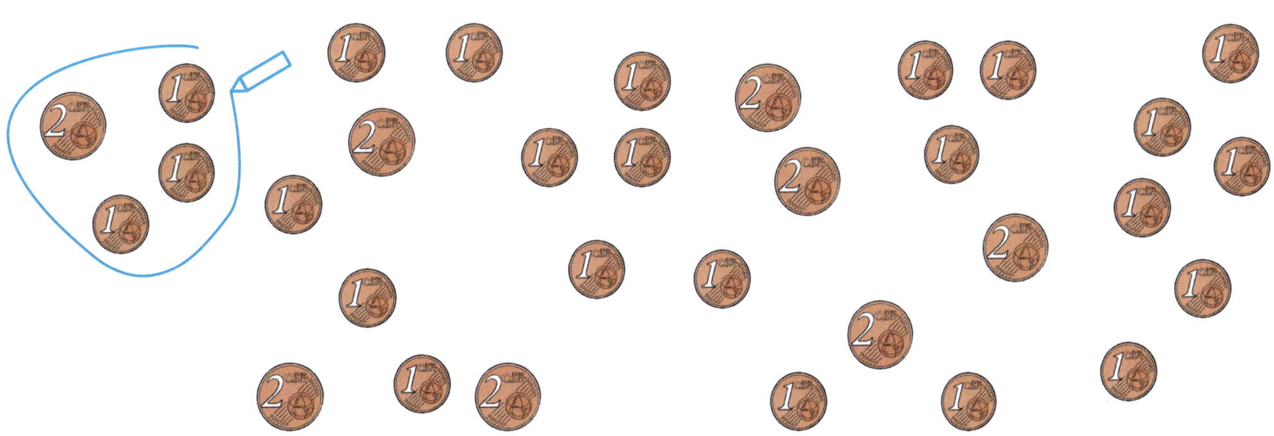

1

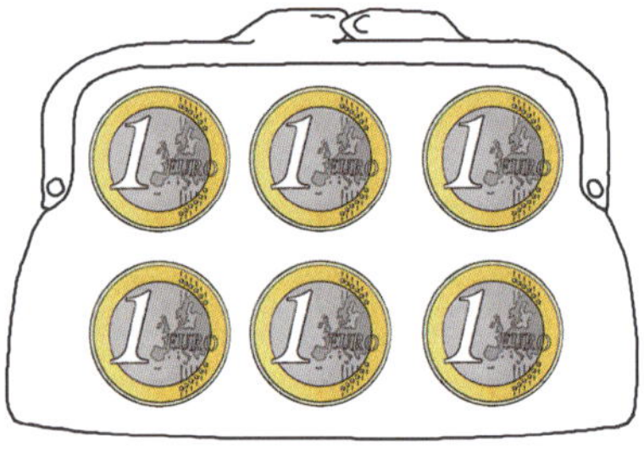

6 Euro

___ Euro

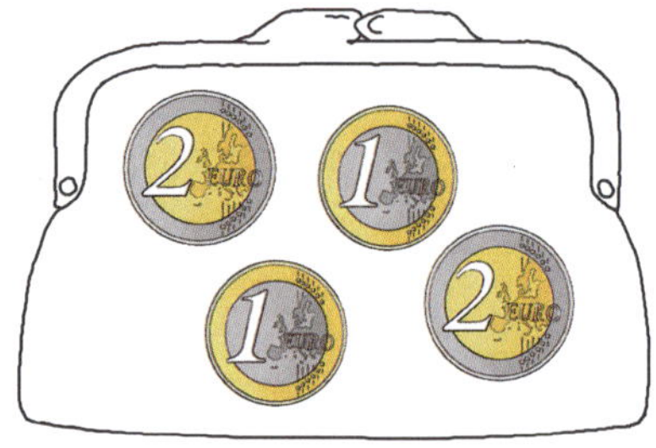

___ Euro

___ Euro

___ Euro

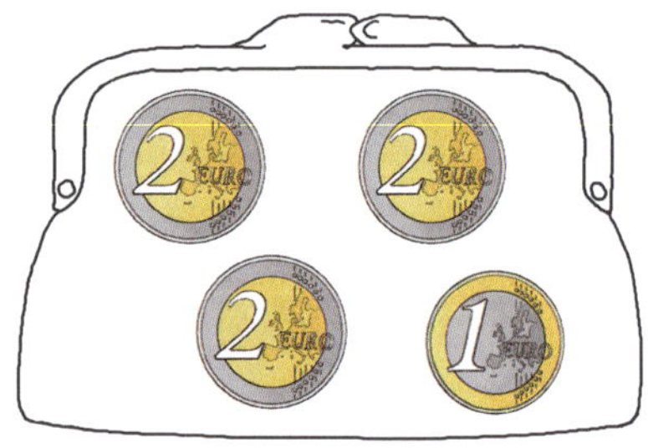

___ Euro

2 Immer 3 Euro.

3 Immer 5 Euro.

1

15 Cent | ___ Cent | ___ Cent

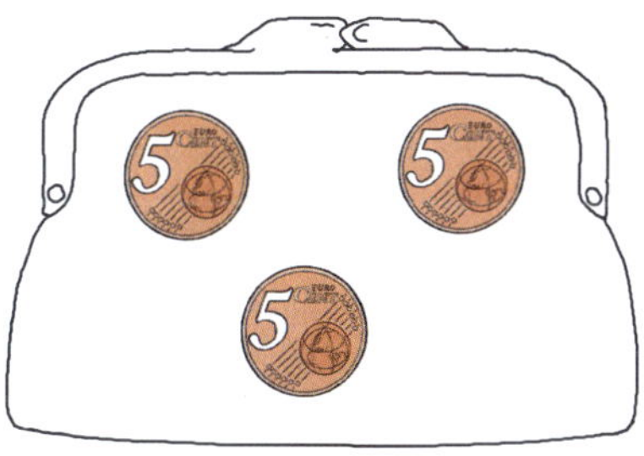

___ Cent | ___ Cent | ___ Cent

2 Lege und zeichne.

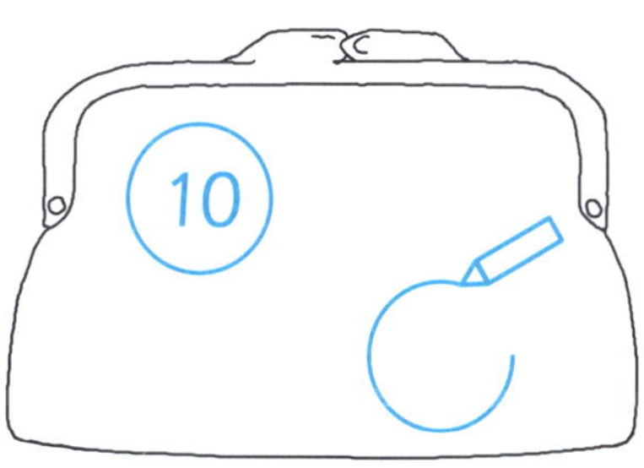

17 Cent | 17 Cent | 17 Cent

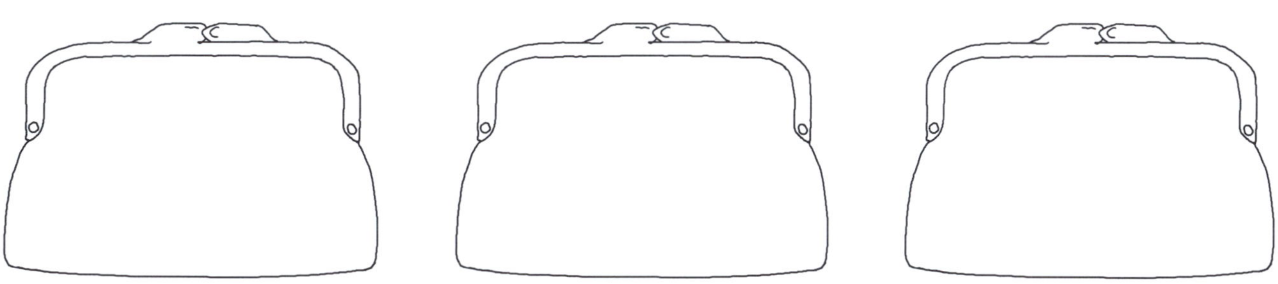

18 Cent | 19 Cent | 20 Cent

1 Ergänze die fehlenden Uhrzeiten.

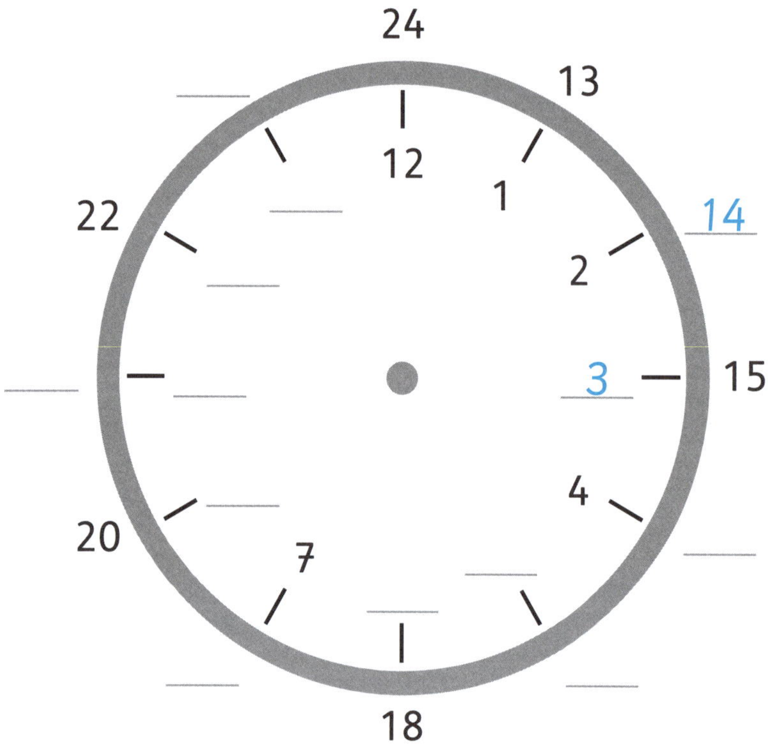

2 Zeichne die Zeiger ein.

4 Uhr

9 Uhr

3 Uhr

11 Uhr

16 Uhr

21 Uhr

18 Uhr

14 Uhr

1

4

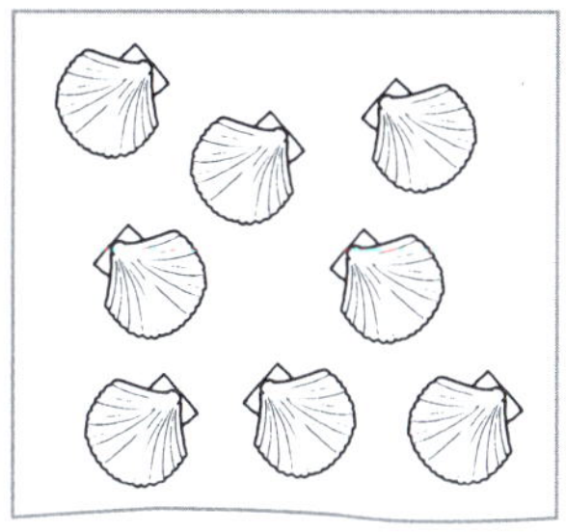

𝍸 |

2

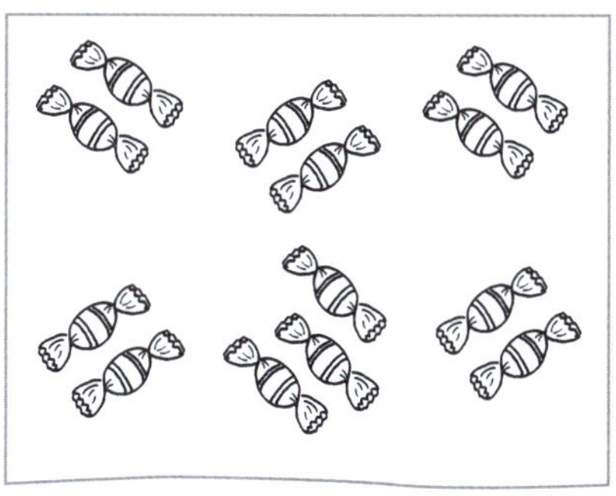
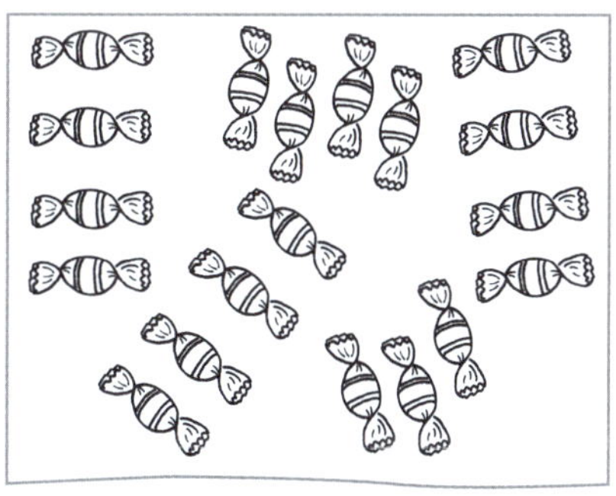
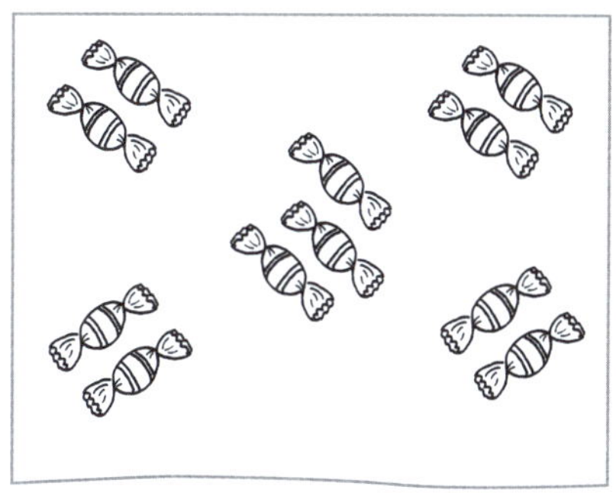

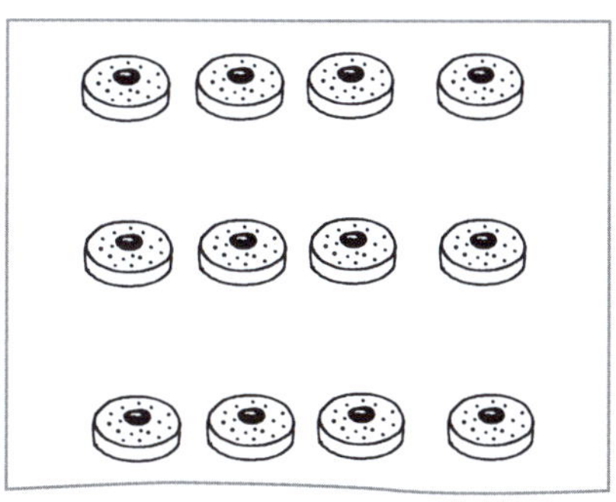

Wie erfolgreich hast du gearbeitet?
Male den passenden Raben aus.